Wissenschaftliche Reihe Fahrzeugtechnik Universität Stuttgart

Reihe herausgegeben von

André Casal Kulzer, Stuttgart, Deutschland

Hans-Christian Reuss, Stuttgart, Deutschland

Andreas Wagner, Stuttgart, Deutschland

Das Institut für Fahrzeugtechnik Stuttgart (IFS) an der Universität Stuttgart forscht interdisziplinär sowie technologieoffen an modernen und zukunftsorientierten Fahrzeugkonzepten. In enger Zusammenarbeit mit Partnern aus Industrie und Wissenschaft entstehen neue Lösungen für die Mobilität der Zukunft. Das Institut gliedert sich in drei spezialisierte Lehrstühle, die gemeinsam das gesamte Spektrum der Fahrzeugtechnik abdecken: Der **Lehrstuhl für Fahrzeugantriebssysteme** widmet sich der Forschung nachhaltiger Antriebslösungen für künftige Mobilitätskonzepte. Im Fokus stehen alternative, elektrische sowie hybride Antriebssysteme und deren Komponenten – einschließlich der Nutzung nachhaltiger Energieträger wie Wasserstoff, synthetischer Kraftstoffe und Batterien. Der **Lehrstuhl für Kraftfahrzeugmechatronik** beschäftigt sich mit vernetzten, intelligenten und adaptiven Fahrzeugen. Im Zentrum stehen Fragestellungen zum Automatisierten und Vernetzten Fahren, Diagnose, Ladetechnologien, verteilte Systeme sowie softwarebasierte Fahrzeugfunktionen. Der **Lehrstuhl für Kraftfahrwesen** erforscht die physikalischen Grundlagen der Auslegung zukünftiger Fahrzeugkonzepte. Im Mittelpunkt stehen die Bereiche Aerodynamik, Windkanaltechnik, Akustik/NVH, Fahrzeugdynamik, Reifenmanagement und Thermomanagement Gesamtfahrzeug. Das IFS verfügt über eine vielfältige und hochmoderne Forschungsinfrastruktur, die realitätsnahe Untersuchungen vom Einzelbauteil bis zum Gesamtfahrzeug ermöglicht. Besonders hervorzuheben sind der Multikonfigurations- und Antriebsprüfstand für komplexe Antriebskonzepte, der Stuttgarter Fahrsimulator zur Untersuchung menschlichen Fahrverhaltens, der Aeroakustik-Fahrzeugwindkanal für akustische und strömungstechnische Fragestellungen sowie der Thermowindkanal zur Analyse thermischer Prozesse im Gesamtfahrzeug. Die wissenschaftliche Reihe „Fahrzeugtechnik Universität Stuttgart" dokumentiert die im Rahmen von Promotionen am IFS entstandene Beiträge zur Mobilität der Zukunft und zeigt deren thematische Vielfalt, methodische Tiefe und Praxisrelevanz.

Reihe herausgegeben von

Prof. Dr.-Ing. André Casal Kulzer
Lehrstuhl für Fahrzeugantriebssysteme
Institut für Fahrzeugtechnik Stuttgart
Universität Stuttgart
Stuttgart, Deutschland

Prof Dr.-Ing. Andreas Wagner
Lehrstuhl für Kraftfahrwesen
Institut für Fahrzeugtechnik Stuttgart
Universität Stuttgart
Stuttgart, Deutschland

Prof. Dr.-Ing. Hans-Christian Reuss
Lehrstuhl für
Kraftfahrzeugmechatronik
Institut für Fahrzeugtechnik Stuttgart
Universität Stuttgart
Stuttgart, Deutschland

Jannes Schilling

Digitaler Zwilling zur Virtualisierung von Arbeitsprozessen am Powertrain-in-the-Loop-Prüfstand

Jannes Schilling
IFS, Fakultät 7, Lehrstuhl für
Kraftfahrzeugmechatronik
Universität Stuttgart
Stuttgart, Deutschland

Zugl.: Dissertation Universität Stuttgart, 2025
D93

ISSN 2567-0042 ISSN 2567-0352 (electronic)
Wissenschaftliche Reihe Fahrzeugtechnik Universität Stuttgart
ISBN 978-3-658-51019-0 ISBN 978-3-658-51020-6 (eBook)
https://doi.org/10.1007/978-3-658-51020-6

Die Deutsche Nationalbibliothek verzeichnet diese Publikation in der Deutschen Nationalbibliografie; detaillierte bibliografische Daten sind im Internet über https://portal.dnb.de abrufbar.

Planung/Lektorat: Karina Kowatsch
Springer Vieweg ist ein Imprint der eingetragenen Gesellschaft Springer Fachmedien Wiesbaden GmbH und ist ein Teil von Springer Nature.
Die Anschrift der Gesellschaft ist: Abraham-Lincoln-Str. 46, 65189 Wiesbaden, Germany

Vorwort

Die vorliegende Arbeit entstand während meiner Tätigkeit im Prüffeld für Antriebsstränge der Dr. Ing. h.c. F. Porsche AG in Zusammenarbeit mit dem Institut für Fahrzeugtechnik der Universität Stuttgart unter der Leitung von Herrn Prof. Dr.-Ing. Hans-Christian Reuss.

Für die hervorragende wissenschaftliche Betreuung, geprägt von Unterstützung bei der Lösung von Problemen, anregenden Diskussionen und dem mir entgegengebrachten Vertrauen, gilt mein besonderer Dank Herrn Prof. Dr.-Ing. Hans-Christian Reuss. Herrn Prof. Dr. rer. nat. habil. Andreas Wortmann danke ich für das fachliche Interesse an der Arbeit, die wertvollen Anregungen und die Übernahme des Mitberichts.

Mein Dank richtet sich darüber hinaus an meine Kolleginnen und Kollegen aus dem Antriebsprüffeld der Dr. Ing. h.c. F. Porsche AG für die inspirierende Zusammenarbeit und das motivierende Arbeitsumfeld. Besonderer Dank gilt Herrn Martin Reichensperger, der mich in meiner Arbeits stets bestärkt und unterstützt hat. Darüber hinaus danke ich meinen Studierenden für ihren Einsatz und ihre Ideen in unseren gemeinsamen Projekten.

Diese Arbeit wäre nicht ohne Herrn Dr.-Ing. Jan-Michael Wilmsen entstanden. Jan, du hast mich nicht nur zu einer Promotion ermutigt, sondern mich während der gesamten Promotionszeit mit unkonventionellen und inspirirenden Ideen sowie durch die enge Zusammenarbeit an Veröffentlichungen begleitet - deine Rolle als Motivator und Unterstützer war für mich von unschätzbarem Wert. Danke!

Mein Dank gilt abschließend meiner Familie für die Unterstützung, die Ermutigung und das Verständnis, die sie mir bei meinen Vorhaben entgegengebracht haben. Ein ganz besonderer Dank gilt dabei meiner Freundin Marina. Die gemeinsamen Stunden der Arbeit an unseren Promotionen haben mich stets angetrieben und aus unseren vielen Gesprächen sowie deiner beständigen Unterstützung habe ich immer wieder neue Kraft geschöpft.

Jannes Schilling

Inhaltsverzeichnis

Abbildungsverzeichnis

Tabellenverzeichnis

Abkürzungsverzeichnis

CAD	Computer-Aided Design
CAN	Controller Area Network
CN	Verbindungen (engl. *Connections*)
CPS	Cyberphysisches System (engl. *Cyber-Physical System*)
DD	Daten des digitalen Zwillings (engl. *Digital Twin Data*)
DDPG	Deep Deterministic Policy Gradient
DRM	Methodik zum Forschungsdesign (engl. *Design Research Methodology*)
FEM	Finite-Elemente-Methode (engl. *Finite Element Method*)
HIL	Hardware-in-the-Loop
MDP	Markow-Entscheidungsproblem (engl. *Markov Decision Process*)
MKS	Mehrkörpersimulation (engl. *Multibody Simulation*)
MPC	Modellprädiktive Regelung (engl. *Model Predictive Control*)
PE	Physische Entität (engl. *Physical Entity*)
PiL	Powertrain-in-the-Loop
PPO	Proximal Policy Optimization
RL	Verstärkendes Lernen (engl. *Reinforcement Learning*)
RLS	Straßenlastsimulation (engl. *Road Load Simulation*)
SAC	Soft-Actor-Critic
SHAP	Shapley Additive Explanations
Ss	Dienste (engl. *Services*)
TD3	Twin Delayed Deep Deterministic Policy Gradient
VE	Virtuelle Entität (engl. *Virtual Entity*)

VES	Fahrzeugenergiesystem (engl. *Vehicle Energy System*)
XAI	Erklärbare künstliche Intelligenz (engl. *Explainable Artificial Intelligence*)

Symbolverzeichnis

	Griechische Buchstaben	
α	Schräglaufwinkel	rad
α_{h}	Schräglaufwinkel der Hinterachse	rad
α_{p}	Fahrpedalstellung	%
α_{v}	Schräglaufwinkel der Vorderachse	rad
β	Schwimmwinkel	rad
β_{proj}	Projezierter Schwimmwinkel	rad
β_{ref}	Referenzschwimmwinkel	rad
χ	Gewichtungsfaktor	
δ	Lenkwinkel	rad
Δv	Geschwindigkeitsabweichung	m/s
δ_{vst}	Lenkwinkelvorsteuerung	rad
δ_{w}	Lenkradwinkel	rad
ϵ	Gain-Scheduling-Faktor	
γ	Diskontfaktor	
γ_{gang}	Gangwahl	
κ	Krümmung	1/m
κ_{ref}	Referenzkrümmung	1/m
λ	Skalierungsfaktor	
μ	Reibkoeffizient	
ν	Kurswinkel	rad
ω_0	Eigenkreisfrequenz	rad/s
ω_{d}	Gedämpfte Eigenfrequenz	rad/s
ω_{mot}	Drehgeschwindigkeit des Motors	rad/s
ω_{r}	Drehgeschwindigkeit des Rades	rad/s
Π	Menge aller Policies	
π	Policy	
ψ	Gierwinkel	rad
$\dot{\psi}$	Gierrate	rad/s
$\dot{\psi}_{\mathrm{akt}}$	Aktuelle Gierrate	rad/s
$\dot{\psi}_{\mathrm{ref}}$	Referenzgierrate	rad/s
ρ_{l}	Luftdichte	kg/m^3

σ_{D}	Driftstatus	
σ_{ss}^2	Varianz im Subsegment	
τ_{kup}	Kupplungsstellung	
θ	Policy-Parameter	
ξ	Messwert	
$\hat{\xi}$	Simulationswert	

	Lateinische Buchstaben	
A	Menge aller Actions	
a	Action	
a_{b}	Bremsverzögerung	$\mathrm{m/s^2}$
A_{f}	Stirnfläche des Fahrzeugs	$\mathrm{m^2}$
a_{ss}	Action im Subsegment	
c	Dämpfung	$\mathrm{N\,s/m}$
c_{roll}	Rollwiderstand	
c_{w}	Luftwiderstandsbeiwert	
D	Dämpfungskonstante	$\mathrm{N\,s/m}$
e	Regelabweichung	
E_{par}	Übertragungseffizienz	
F	Kraft	N
F_{antrb}	Antriebskraft	N
F_{r}	Reifenkraft	N
$F_{\mathrm{x,h}}$	Längskraft an der Hinterachse	N
$F_{\mathrm{x,v}}$	Längskraft an der Vorderachse	N
$F_{\mathrm{y,h}}$	Querkaft an der Hinterachse	N
$F_{\mathrm{y,v}}$	Querkaft an der Vorderachse	N
F_{z}	Aufstandskraft	N
i	Übersetzung	
J	Massenträgheitsmoment	$\mathrm{kg\,m^2}$
J_{r}	Massenträgheitsmoment des Rades	$\mathrm{kg\,m^2}$
K	Reglerparameter	
k	Federsteifigkeit	$\mathrm{N/m}$
L	Radstand	m
l_{ss}	Länge Subsegment	m
M	Drehmoment	Nm
M_{akt}	Aktuelles Drehmoment	Nm
M_{b}	Bremsmoment	Nm

M_{diff}	Drehmoment Differential	Nm
M_{ges}	Gesamtdrehmoment	Nm
M_{h}	Hinterachsmoment	Nm
M_{r}	Drehmoment am Rad	Nm
M_{red}	Reduziertes Drehmoment	Nm
M_{stell}	Stellmoment	Nm
M_{vst}	Drehmomentvorsteuerung	Nm
M_{w}	Drehmoment an der Seitenwelle	Nm
n	Drehzahl	1/min
n_{akt}	aktuelle Drehzahl	1/min
Q^{π}	State-Action Value	
R	Menge aller Rewards	
r	Reward	
r_{abs}	Absoluter Reward	
R_{gen}	Generalisierungskoeffizient	
r_{ges}	Gesamtreward	
r_{rel}	Relativer Reward	
S	Menge aller States	
s	State	
T	Topographie	
t	Zeit	s
T_{d}	Totzeit	s
T_{r}	Anstiegszeit	s
T_{s}	Einschwingzeit	s
v	Geschwindigkeit	m/s
v_{akt}	aktuelle Geschwindigkeit	m/s
V^{π}	State Value	
v_{proj}	projizierte Geschwindigkeit	m/s
v_{r}	Geschwindigkeit im Radmittelpunkt	m/s
v_{ref}	Referenzgeschwindigkeit	m/s
w	Führungsgröße	
x	Fahrzeugposition in x-Richtung	m
x_{v}	Allradverteilung (Bezug Vorderachse)	
y	Fahrzeugposition in y-Richtung	m

Kurzfassung

Diese Dissertation beschäftigt sich mit der Virtualisierung von Arbeitsprozessen an Antriebsstrangprüfständen in Kombination mit einer Echtzeitsimulation durch den Einsatz eines digitalen Zwillings. Mit der zunehmenden Verlagerung komplexer Fahrzeugerprobungen auf den Prüfstand wächst auch die Komplexität der erforderlichen Echtzeitsimulationen, was zu einem erhöhten Vorbereitungsaufwand führt. In diesem Kontext wird der Einsatz eines digitalen Zwillings als vielversprechender Ansatz betrachtet, um die Effizienz und Qualität der Erprobungen zu steigern. Daher widmet sich diese Arbeit der Forschungsfrage, ob durch die Virtualisierung von Arbeitsprozessen mit Hilfe eines digitalen Zwillings die Effizienz von Antriebsstrangprüfständen gesteigert werden kann.

Es werden verschiedene Einsatzszenarien für digitale Zwillinge identifiziert und hinsichtlich ihres Einsatzpotentials klassifiziert. Auf dieser Grundlage wird ein iterativer Prozess konzipiert, der auf einem initialen digitalen Zwilling basiert. Der initiale digitale Zwilling gewährleistet die Konsistenz der Architektur des digitalen Zwillings während sämtlicher Iterationen. In jeder Iteration wird ein operativer digitaler Zwilling generiert, der auf die Anforderungen der jeweiligen Erprobungen und Einsatzszenarien abgestimmt ist. Der operative digitale Zwilling ermöglicht eine Simulation und Analyse der Einsatzszenarien. Nach der Durchführung der Tests fließen die gewonnenen Erkenntnisse zurück in den initialen digitalen Zwilling. Anschließend wird die entwickelte Methode genutzt, um ein neues Fahrermodell in den Prüfstand zu integrieren. Die Entwicklung dieses Fahrermodells zu Analyse der Driftfähigkeit von Fahrzeugen, wird unter Verwendung der klassischen Regelungstechnik und des Reinforcement-Learnings vorgestellt.

Die Ergebnisse der Untersuchung zeigen, dass die Virtualisierung zur Optimierung der Messdatenqualität beiträgt, indem Modelle in einer virtuellen Umgebung entwickelt und getestet werden, bevor sie auf den Prüfstand übertragen werden. Die Methode ermöglicht es, Prozesse aus der Inbetriebnahme- und Durchführungsphase in die Vorbereitungsphase zu verlagern, sodass die Prüfstandsbelegung ausschließlich für die Generierung von Messdaten genutzt werden kann. Trotz der erkannten Limitierungen, insbesondere in der Abbildung von Antriebsstrangregelsystemen, bietet die Methode ein neuartiges Werkzeug zur Effizienzsteigerung in der Fahrzeugerprobung.

Abstract

This dissertation addresses the virtualisation of work processes on powertrain test benches in combination with real-time simulation using a digital twin. As more complex vehicle testing is being transferred to the test bench, the complexity of the required real-time simulations is also increasing, resulting in a greater amount of preparatory work. In this context, the use of a digital twin is considered a promising approach to improve the efficiency and quality of testing. Therefore, this thesis addresses the research question of whether the virtualisation of work processes using a digital twin can increase the efficiency of drivetrain test benches.

The fundamental section offers a comprehensive overview, addressing the primary subjects of the research project, namely the powertrain test bench, driver modelling, the digital twin, and reinforcement learning. The powertrain test bench is described using a multi-layer model of generic test benches. These explanations focus on the control of the test bench in conjunction with a real-time simulation, encompassing the environment, driver, and vehicle. This approach describes the powertrain-in-the-loop (PiL) operation.

In the domain of driver modelling, the three-layer model of driver modelling and its integration within the framework of a powertrain test bench are evaluated.

In the ensuing section on digital twins, the concept is introduced using the five-dimensional model. This section provides a comprehensive exposition of the sub-systems and their interaction. Subsequently, the utilisation of digital twins within the domain of test bench applications is analysed through a systematic review of existing literature. The relevant literature is classified according to the application scenario of the digital twin and the type of test bench.

The final section of the fundamentals discusses the concept of reinforcement learning (RL), which describes the solution of problems through the use of decision-making processes and various learning strategies.

The third chapter outlines the derivation of a method for the operation of a digital twin on a powertrain test bench. The method is conceptualised according to the Design Research Methodology (DRM), which ensures a systematic approach to the research project, comprising four stages: clarification of the research problem and objectives, analysis of the existing situation, development of solution principles, and evaluation and validation of the proposed solution.

The primary phase of the methodology concludes with the formulation of a research question. The thesis identifies a research gap concerning the identification of virtualisation potential in work processes of powertrain test benches and the application of the digital twin concept. Consequently, the objective of this study is to provide an answer to the following research question: "Can the virtualisation of powertrain test bench work processes through a digital twin help reduce test run times and improve the quality of measurement data?"

As part of the analysis of the existing situation within the DRM framework, the work processes of a PiL test bench are systematically derived. In accordance with the findings of the literature review, potential applications for the digital twin are allocated to the work processes. The resulting application scenarios for the digital twin are then clustered according to two criteria: their potential for use and the modelling domains required for implementation. The identified potentials include optimisation of measurement quality, risk reduction, time savings, and material conservation.

Subsequently, the conception of the method is restricted to the modelling domain of mechanical simulation and to the potentials of measurement quality optimisation and time savings. This restriction is necessary to ensure a evaluation of the method within the limited time of the research project.

In order to establish a set of quantifiable evaluation metrics, the method's success criteria are then defined. These success criteria are divided into two distinct areas: The modelling quality is determined using the coefficient of determination (R^2) and the mean absolute error (MAE). Furthermore, a Bland-Altman plot, accompanied by a LOWESS curve, is instrumental in visualizing the comparison between measurement and simulation data. Moreover, an analysis is conducted on the transferability and usability of the digital twin. The transferability of the model can be quantified using an efficiency parameter. However, it was not possible to identify a quantitative measure for usability.

The solution to the research question is then conceptualised as a method for virtualising the work processes of a powertrain test bench through a digital twin. The method is structured into five steps: creation of an initial digital twin, analysis of the use case, configuration of the operational digital twin, deployment of the operational digital twin, and reintegration of the operational digital twin.

The creation of the initial digital twin constitutes the foundation of the process, thereby generating a reference structure for the digital twin to be utilised at subsequent steps. The necessary components of the initial digital twin are derived using the multi-layer model of the powertrain test bench and the general structure of a digital twin. The test bench is represented by models of the powertrain, the test bench itself, and the real-time simulation. Furthermore, a connection has been established between the real system and the digital shadow, with the objective of extracting the required data. The initial digital shadow's services include the visualisation of measurement and simulation data, as well as an interface for adjusting model parameters.

The identification of a use case for the digital twin provides the basis for deriving the functional requirements through a use case analysis. These requirements are then operationalised through the configuration of the digital twin – an operational digital representation of the test bench. Following the validation of the operational digital twin, its deployment is initiated within a designated use case. Subsequent to the implementation of the application scenario, the insights obtained or model adjustments are reintegrated into the initial digital twin.

Prior to the discussion on the application of the method in Chapter five, Chapter four provides a detailed examination of driver modelling utilising RL, alongside the analysis of two driver models for the highly dynamic driving manoeuvre of drifting. The evaluation of driver models is based on a set of criteria, which are divided into two categories: core criteria and quality indicators. The core criteria specify a minor deviation from the reference trajectory, human steering and pedal actions, and minimal computational effort.

The modelling of a driver model for powertrain test benches with the use of RL is discussed with reference to a fundamental model. The fundamental model illustrates the interaction between the elements of reinforcement learning. The agent, which is based on the deep deterministic policy gradient algorithm, transmits an action to the action space. The action space thus transforms this action into control commands for a vehicle model, which, along with a model of the track, calculates the vehicle state in the next time step. This state is then provided to the state space and the reward function. The state space provides the agent with normalized information about the current state, while the reward function provides information about the quality of the selected action. In the context of an iterative training process, the agent's objective is to maximise the reward in order to learn a strategy for driving the vehicle. In the optimal training run, the model exhibits a marginal deviation from the reference trajectory, with an MAE of 0,34 km/h. The performance of the model is shown to decline by an average of 24,34 % on unknown trajectories; however, it is important to note that training of the basic model is limited to only one reference trajectory.

The optimisation of the model is approached by two different techniques. Shapley analysis, a methodology of explainable artificial intelligence, is employed to identify the influence of individual states on the agent's actions. This enables a comparison of the agent's learned strategy with that of a human driver, both in terms of actions and the information required. Conversely, this comprehension can facilitate the minimisation of the state space and, by extension, the complexity of the system.

In the second approach, the track model is extended with a stochastic approach. The objective of this approach is to address the issue of insufficient generalization. Rather than using a static track for the entire training period, an algorithm is parameterised to generate multiple varying tracks of a given track type. To achieve this objective, a race track is segmented into specific segments, with the characteristics of these segments being varied during each generation using a randomly variable distribution. This results in the agent acquiring a more extensive repertoire of skills for diverse scenarios, thereby enhancing its performance. The enhanced MAE to 0,19 km/h and the reduction in deviation on unknown routes to 5,85 % indicate an optimisation of the track guidance.

These approaches are then used to develop a RL driver that can steer a vehicle in a drift through a combination of curves. In this study, the vehicle is modelled as a single-track model, the action space is extended by a steering angle, and the reward function and state space are adapted to the new vehicle states and the new manoeuvre. The driver developed is fundamentally capable of following the defined trajectory, but deviates from the required reference slip angle during the manoeuvre.

In addition to the RL model, a model based on control engineering is described. The model is composed of two gain-scheduled proportional controllers, which control the accelerator pedal position and the steering angle of the vehicle. Furthermore, both controllers derive their feedforward control from the equilibrium states of a single-track model. The vehicle's slip angle is controlled via the accelerator pedal position, while the stabilisation of the drift and the correct alignment of the vehicle are ensured by controlling the steering angle. The MAE of the slip angle for a drifted S-curve is 0.94°. Furthermore, the control concept has the capacity to follow the specified track. The superior quality and ease of implementation of the control concept resulted in its selection for implementation on the test bench.

The fifth chapter is devoted to the application of the designed method and its evaluation. The chapter proceeds through the method in its individual steps. It begins with a description of the creation of the initial digital twin. The twin is created on the basis of an electric powertrain with rear-wheel drive, for which measurement data is available to validate the twin. The necessary components of the initial digital twin can be derived from the method and are modelled as follows. The powertrain model is represented by a two-mass oscillator, with the differential depicted as a friction model. In order to identify the dynamics of the wheel machines, a transfer function in the form of a PT1 element is derived from the measurement data. Furthermore, the real-time models and control systems of the powertrain-in-the-loop test bench are represented as virtual models, with a replication of the test bench interfaces also being taken into account in the digital twin. Another model is provided for the purpose of representing the test procedure.

The digital shadow in the initial digital twin establishes a connection between the test bench, data storage, and the digital twin. The retrievable data includes model parameters, additional submodels, measurement data, and test sequences. The services of the initial digital twin include the visualization of simulation data and the provision of an interface for the modification of parameter settings. A high R^2 value (greater than 90 %) for all measured variables indicates sufficient modelling quality for the application of the use cases.

Following the establishment of the initial digital twin, the subsequent step is the use case analysis, which pertains to the examination of a drift manoeuvre on the powertrain test bench. In this analysis, the necessary elements of the virtual models are identified, and their modelling accuracy is evaluated. Conversely, it determines the application scenarios of the digital twin for the realisation of the project. The application scenarios can be categorised as follows: the generation of the test program and the extension of the model, the parametrisation of the control systems, and the validation of the testing.

The configuration of the operational digital twin is achieved through the creation of a powertrain model with all-wheel drive, which is based on the initial digital twin. In order to realistically simulate the behaviour of the powertrain even in highly dynamic situations, the all-wheel drive distribution and stability functions of the real powertrain are approximated. The validation of the operational digital twin exhibited a satisfactory level of agreement during the acceleration phase; however, this level of agreement was found to be less substantial during the deceleration phase. This behaviour is considered to be within acceptable limits, as there is an absence of deceleration during drift.

The deployment of the operational digital twin is initiated by the generation of test programmes and the enhancement of models. For this purpose, the driver model is updated to include the control system for drifting described in the chapter on driver modelling. In the course of this process, a test program that has been developed for this specific application is verified. The parameters of the driver model are then determined in the operational digital twin before being transferred to the real test bench. In the final application scenario, the measurement data from the test bench is compared with a measurement from a vehicle. The interfaces of the digital shadow are utilised for this purpose.

The evaluation concludes that the method enables a range of application scenarios, including test program generation, model extension, and comparison of data sets with the digital twin. The parameters of the control system could only be determined to a limited extent because the accuracy of the virtual model of the powertrain did not meet the requirements. The control unit functions of the powertrain model pose a challenge in this regard. It is evident that the present method has the capacity to enhance the quality of measurement and concomitantly reduce the duration of test runs. Nevertheless, a key challenge lies in achieving a balance between the effort expended on modelling the control unit functions and the subsequent benefits derived from the simulation.

1 Einleitung

Antriebsstrangprüfstände sind ein Entwicklungswerkzeug in der Validierung von Fahrzeugantriebssträngen, um den Antriebsstrang in frühen Entwicklungsphasen ohne Prototypenfahrzeug zu testen. Die Tests umfassen unter anderem Mechanik- und Festigkeitstests, Fahrmanöver wie bspw. Rennstarts oder Nassüberfahrten, Rundstreckentests sowie Funktions- und Applikationstests. In Abhängigkeit von der Art des Tests wird der Antriebsstrangprüfstand in verschiedenen Konfigurationen betrieben. Diese Konfigurationen unterscheiden sich in der Art und Anzahl der Belastungsmaschinen, der Regelungsart des Prüfstandes und des Aufbaus der zugehörigen Fahrzeugsimulation. Die Kombination eines Antriebsstrangprüfstandes mit einem Echtzeitsimulationssystem, bestehend aus Fahrzeug-, Fahrer- und Umweltsimulation wird im Folgenden als Powertrain-in-the-Loop Prüfstand (PiL) bezeichnet.

Die Verlagerung der Fahrzeugerprobung auf den Prüfstand wird durch die virtuelle Umgebung wesentlich beeinflusst, indem reale Betriebsbedingungen emuliert und physikalische Teilsysteme unter reproduzierbaren und einstellbaren Bedingungen getestet werden [1–3]. Mit der zunehmenden Verlagerung komplexer Fahrzeugerprobungen auf den Prüfstand wächst auch die Komplexität der erforderlichen Echtzeitsimulationen. [4] Dies resultiert in einem erhöhten Vorbereitungsaufwand für die virtuelle Umgebung während des Erprobungszeitraums. Die Vorbereitung der physischen Komponenten für den Prüfstandversuch erfolgt in einer Werkstatt, um den Prüfstand primär für die Messdatengenerierung zu nutzen. Trotz des signifikant höheren Aufwands für Entwicklung, Konfiguration, Integration und Parametrierung der Echtzeitsimulation fehlt eine vergleichbare digitale Vorbereitungsumgebung für die virtuelle Umgebung.

Der digitale Zwilling ist ein Konzept zur Interaktion mit cyberphysischen Systemen in einem digitalen Raum. [5] Insbesondere im Produktionskontext findet das Konzept Anwendung, um Produktionssysteme zu optimieren und zu analysieren, ohne dass dazu Hardware benötigt wird oder Ausfallzeiten entstehen [6–8]. Die Struktur eines digitalen Zwillings eines beliebigen Systems umfasst Modelle des Systems, digitale Schatten und Dienste zur Nutzung der Modelle und Daten. [9] Im Kontext des PiL-Prüfstands sind die relevanten Modelle des Systems die Echtzeitsimulation, ein Prüfstands- sowie ein Antriebsstrangmodell. Die digitalen Schatten fungieren

J. Schilling, *Digitaler Zwilling zur Virtualisierung von Arbeitsprozessen am Powertrain-in-the-Loop-Prüfstand*, Wissenschaftliche Reihe Fahrzeugtechnik Universität Stuttgart, https://doi.org/10.1007/978-3-658-51020-6_1

als Schnittstelle zu sämtlichen Daten des physischen Prüfstands und beinhalten Messdaten, Parameterdatensätze und Modellinformationen der durchgeführten Erprobungen. Die Dienste des digitalen Zwillings ermöglichen die Handhabung durch den Benutzer und sind bspw. Visualisierungen oder Schnittstellen zur Bearbeitung des Echtzeitsystems.

Somit bietet ein digitaler Zwilling eines PiL- Prüfstands ein hohes Potential zur Steigerung der Erprobungseffizienz hinsichtlich der notwendigen Arbeitsabläufe mit Echtzeitsimulation. Die Effizienz des Antriebsstrangprüfstands als Validierungswerkzeug ist dabei abhängig von der Qualität der Messergebnisse sowie der Zeitspanne, innerhalb derer diese generiert werden können [10]. In Bezug auf die Echtzeitsimulation ist dabei eine Reduktion der Konfiguration und Applikation der Echtzeitsimulation mit realer Hardware möglich. Zudem ist die Qualität der Messergebnisse zunehmend abhängig von der Qualität der Simulationsumgebung. In diesem Zusammenhang bietet der Einsatz eines digitalen Zwillings das Potenzial, Modelle effizient und nachhaltig weiterzuentwickeln. [11, 12]

Das Ziel dieser Arbeit ist die Vorstellung einer Methode zur Virtualisierung von Arbeitsprozessen eines Antriebsstrangprüfstandes unter Verwendung eines digitalen Zwillings. Die Methode beruht auf einem intialen digitalen Zwilling, der der Ausgangspunkt für einen iterativen Prozess ist. Innerhalb des Prozesses wird ein operativer digitaler Zwilling für ein definiertes Einsatzszenario erstellt. Die Ausführung des Einsatzszenarios und eine anschließende Reintegration des operativen in den initalen digitalen Zwilling stellen die letzten Schritte des Prozesses dar. Die Anwendung der Methode erfolgt für die Entwicklung eines Fahrermodells für hochdynamische Manöver am Antriebsstrangprüfstand.

Die vorliegende Arbeit beinhaltet in Kapitel 2 eine Beschreibung der Grundlagen und des Stands der Technik von Antriebsstrangprüfständen und digitalen Zwillingen. Des Weiteren widmet sich dieser Abschnitt der Fahrermodellierung sowie den Grundlagen des Reinforcement-Learnings. In Kapitel 3 wird die Methode hergeleitet. Die Modellierung des hochdynamischen Fahrermodells erfolgt in Kapitel 4 mittels zweier verschiedener Ansätze. Das erste Fahrermodell beruht auf einem lernbasierten Regelungsansatz, der auf verstärkendem Lernen (RL, engl. *Reinforcement Learning*) basiert, während das zweite Modell mit klassischer Regelungstechnik entworfen ist. Die Anwendung der Methode in Kapitel 5 beschreibt den Aufbau des digitalen Zwillings zur Entwicklung des Fahrermodells und dessen Integration in den realen Prüfstand. Abschließend findet eine Bewertung der Methode anhand des Anwendungsfalls statt. Die Ergebnisse sind in Kapitel 6 zusammengefasst.

2 Grundlagen und Stand der Technik

Zur Förderung des Verständnisses für die nachfolgende technische Analyse einer Erprobung an einem Antriebsstrangprüfstand (Abschnitt 3.2) beschreibt Abschnitt 2.1 den Aufbau und die Funktionen eines Antriebsstrangprüfstands. Dabei legt der Abschnitt 2.1.5 einen Fokus auf den Powertrain-in-the-Loop (PiL)-Betrieb. Die Grundlagen zur Modellierung menschlichen Fahrerverhaltens sind anschließend in Abschnitt 2.2 dargestellt.

Im darauffolgenden Abschnitt 2.3 wird die Architektur eines digitalen Zwillings beschrieben und die Anwendungsmöglichkeiten von digitalen Zwillingen im Prüfstandsbereich durch eine Analyse der aktuellen Fachliteratur dargelegt. Abschließend werden die Grundlagen des verstärkenden Lernens (RL, engl. *Reinforcement Learning*) in Abschnitt 2.4 erläutert.

2.1 Antriebsstrangprüfstand

Die Fahrzeugentwicklung folgt in der Regel unternehmensspezifischen Prozessen, die häufig auf dem V-Modell basieren [13]. Dieses Modell beschreibt den Entwicklungsprozess in drei Hauptphasen: (1) die Dekomposition der Anforderungen, (2) die Implementierung sowie (3) die Integration, Verifikation und Validierung.

(1) Zunächst erfolgt die Dekomposition der Anforderungen, bei der die Gesamtanforderungen an das Fahrzeug in detaillierte Anforderungen für einzelne Module und Komponenten überführt werden. (2) Anschließend werden diese Systemelemente implementiert, was beispielsweise durch die Konstruktion, Softwareentwicklung oder Fertigung von Prototypen erfolgt. (3) Nach der Implementierung beginnt die Integrationsphase, in der die einzelnen Komponenten schrittweise zu größeren Subsystemen zusammengeführt und getestet werden. Dabei wird überprüft, ob sie die gestellten Anforderungen erfüllen (Verifikation). Abschließend erfolgt die Validierung des Gesamtsystems, um sicherzustellen, dass es den ursprünglichen Anforderungen sowie den realen Einsatzbedingungen entspricht.

J. Schilling, *Digitaler Zwilling zur Virtualisierung von Arbeitsprozessen am Powertrain-in-the-Loop-Prüfstand*, Wissenschaftliche Reihe Fahrzeugtechnik Universität Stuttgart, https://doi.org/10.1007/978-3-658-51020-6_2

Zur Überprüfung des Systems stehen verschiedene Testverfahren zur Verfügung. Virtuelle Tests basieren auf Simulationen und ermöglichen eine frühzeitige Absicherung des Entwicklungsstands. Hybride Tests kombinieren Simulationen mit realen Versuchen, um die Validität der Modelle zu erhöhen. Physische Tests dienen schließlich der direkten Erprobung von Fahrzeugkomponenten oder des gesamten Fahrzeugs unter realen Bedingungen. Nach erfolgreicher Validierung wird das entwickelte System für die Serienproduktion freigegeben. [13]

Paulweber und Lebert beschreiben in [10] verschiedene Prüfstände, die zur Verifizierung und Validierung von Komponenten, Teilsystemen und Gesamtfahrzeugen in der Fahrzeugentwicklung eingesetzt werden. Weinrich et al. ordnen in [14] Prüfstände für die Erprobung des Antriebssystems dem V-Modell zu. Früh in der Verifikationsphase kommen spezialisierte Prüfstände für Einzelkomponenten wie elektrische Maschinen oder Getriebe zum Einsatz. Mit zunehmender Integration der Komponenten zu elektrischen Achsen oder einem gesamten Antriebsstrang findet die Verifikation auf einem Antriebsstrangprüfstand statt.

Die Testszenarien lassen sich dabei in Kategorien unterteilen: Hardwaretests, wie Haltbarkeitstests oder Untersuchungen zu Noise, Vibration und Harshness (NVH), Funktionstests für Softwarekomponenten des Antriebsstranges sowie Applikationen für Fahrversuche oder Verbrauchsmessungen. [15]

Trotz einer Vielzahl an unterschiedlichen Testobjekten, Testszenarien und Absicherungszielen ist es möglich eine generelle Struktur eines Prüfstandes abzuleiten. Die in Abbildung 2.1 dargestellte Struktur ist zunächst in Hardware und Software aufgeteilt. Im Hardwarebereich ist neben der Prozess- und Verbindungsebene auch das Testobjekt verortet. Dabei sind alle Teilsysteme untereinander verbunden und können Stoffe, Energie und Informationen austauschen. Innerhalb des Softwarebereiches befinden sich die Automatisierungs- und Serviceebene.

Aufgrund der Vielzahl und Vielfalt an Prüfständen konzentriert sich das folgende Kapitel auf den Untersuchungsgegenstand dieser Arbeit: den Antriebsstrangprüfstand. Die Beschreibung erfolgt dabei entsprechend der zuvor dargestellten Prüfstandsstruktur.

2.1.1 Prozessebene

Innerhalb der Prozessebene sind die physischen Elemente des Antriebsstrangprüfstands verortet (Abbildung 2.2). Die Basis dieser Ebene bildet das Prüfstandsfunda-

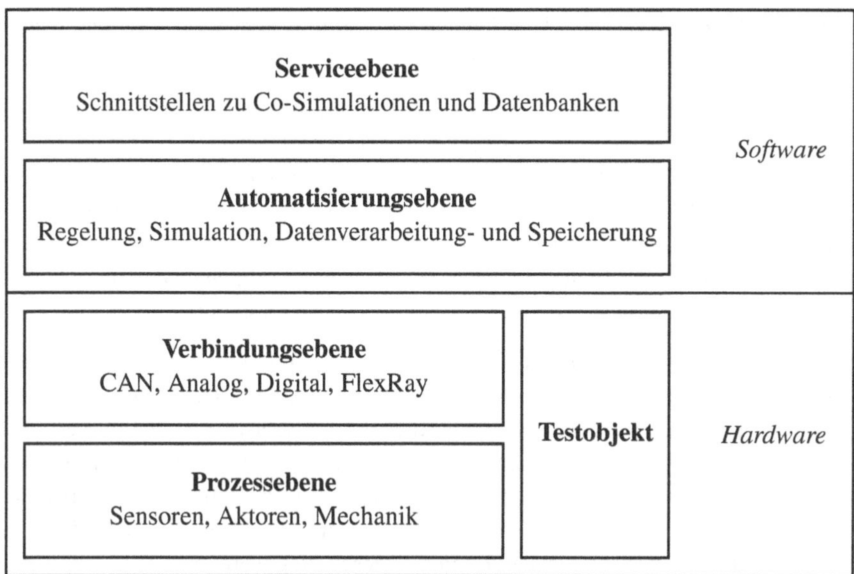

Abbildung 2.1: Allgemeine Systemarchitektur eines Prüfstandes mit Teilelementen eines Antriebsstrangprüfstands nach [10, 11]

ment, welches zum einen zur Anordnung und Sicherung der weiteren physischen Komponenten dient, zum anderen zur Entkopplung des Gebäude von den Schwingungen des Antriebsstrangprüfstands. [16]

Auf dem Fundament sind die mechanischen Belastungseinheiten, auch Radmaschinen genannt, aufgebaut. Der Zweck der Belastungseinheiten ist es die Belastungen eines Fahrzeuges auf der Straße möglichst genau zu reproduzieren. Dazu müssen die Einheiten den Drehmoment- und Drehzahlvorgaben mit einem minimalem Fehler und Verzug folgen. Eine weitere Anforderung besteht darin, das Testobjekt sowohl in Drehrichtung als auch entgegen der Drehrichtung zu beschleunigen, um die Fahrzeugwiderstände realitätsnah zu replizieren. Die meisten mechanischen Belastungseinheiten sind als elektrische Maschinen ausgeführt. [17]

Die Positionierung und Anzahl der Maschinen kann dabei variieren. Verschiedene Konfigurationen stellen Böhm et al. in [18] oder Pohlandt et al. in [19] vor. Der Aufbau eines Antriebsstrangprüfstands umfasst zwei Radmaschinen für ein Fahrzeug mit entweder Front- oder Heckantrieb und bis zu fünf Radmaschinen für das Testen eines Allradantriebsstrangs ohne Motor.

Die elektrische Belastungseinheit eines Antriebsstrangprüfstands stellt einen Batterieemulator, auch als Fahrzeugenergiesystem (VES, engl. *Vehicle Energy System*) bezeichnet, dar. Der Emulator ist in der Lage, elektrochemische Speichereinheiten, wie beispielsweise Lithium-Ionen-Batterien, abzubilden. Die jeweilige Klemmenspannung der Batterie kann dabei über entsprechende Sollwertvorgaben nachgestellt werden. Die Sollwerte resultieren entweder aus einer Nutzereingabe oder aus echtzeitfähigen Batteriemodellen, welche im Automatisierungssystem integriert sind. [20]

Das Verhalten eines Testobjektes während des Prüflaufs wird maßgeblich durch die zugeführten Stoffe wie Luft, Öl und Wasser beeinflusst. Die Konditionierung von Stoffen mittels geeigneter Systeme (thermische Belastungseinheiten) erlaubt die gezielte Veränderung ihres Zustandes. Dies eröffnet die Möglichkeit, Resultate mit hoher Präzision zu reproduzieren, beispielsweise im Rahmen von Zertifizierungen. Zudem können auf diese Weise einheitliche Voraussetzungen für Tests in unterschiedlichen geographischen Regionen geschaffen werden.

Das Palettensystem stellt eine Komponente moderner Prüffelder dar, welche die Rüstung von Testobjekten außerhalb des Prüfstandes ermöglicht. Die Palette erfüllt dabei mehrere Funktionen. So gewährleistet sie zum einen die Fixierung des Testobjekts über Nuten auf dem Palettenrahmen. Zum anderen ermöglicht sie den Aufbau von Messtechnik mit einer zentralen Verbindung zum Prüfstand. Darüber hinaus verfügt sie über Anschlüsse für diverse Stoffe, wie Luft, Wasser und Öl. Im Einsatz erfolgt die Verbindung der genannten Stoffe über eine Palettenkupplung mit dem Zentralanschluss des Prüfstandes. Neben der leckagefreien Verbindung der Stoffe ermöglicht die Kupplung zudem eine exakte Positionierung der Palette und damit des Testobjekts im Prüfstand. Das Palettensystem leistet einen wesentlichen Anteil zur Effizienzsteigerung in Prüffeldern, indem es die Rüstung der Testobjekte vom Prüfstand entkoppelt. Infolgedessen kann der Prüfstand ausschließlich für die Durchführung von Tests genutzt werden. [21]

Die Prozessebene umfasst schließlich die Sensorik des Prüfstandes. Dabei zeigt sich ein wesentlicher Vorteil von Prüfständen. In Fahrzeugen ist der verfügbare Raum für die Installation von Messstellen aufgrund des kompakten Packagings begrenzt. Am Prüfstand hingegen können Messstellen an nahezu beliebigen Punkten und in einer nahezu unbeschränkten Anzahl eingebaut werden. Die präzise Messung von Drehzahl und Drehmoment der Radmaschinen ist von entscheidender Bedeutung für die Prüfstandstechnik. Da die Regelung der Radmaschinen auf mindestens einem dieser beiden Signale basiert, besteht ein direkter Zusammenhang zwischen der Erfassungsgenauigkeit und der Qualität der Erprobung sowie der Messergebnisse. Eine detaillierte Beschreibung dieser Messtechnik findet sich in [21] sowie [11]. Darüber hinaus werden weitere Messverfahren für verschiedene physikalische Größen wie Temperatur, Kraft usw. vorgestellt.

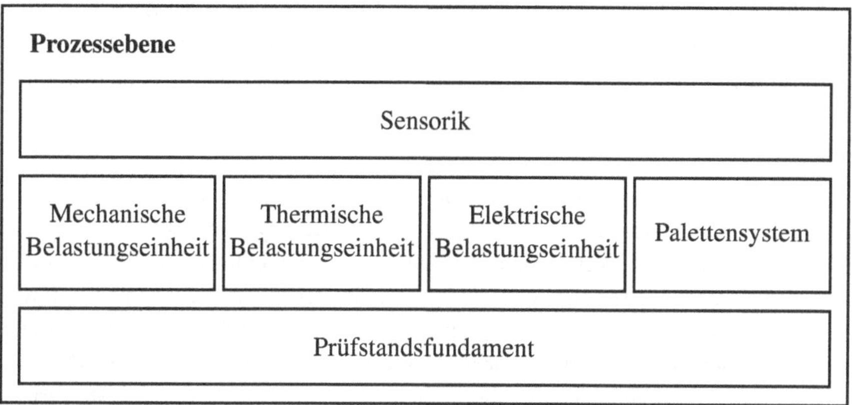

Abbildung 2.2: Allgemeine Systemarchitektur Prüfstand: Prozessebene

2.1.2 Verbindungsebene

Die Elemente der Verbindungsebene fungieren als Schnittstelle zwischen der Prozess- und der Automatisierungsebene sowie dem Testobjekt. Ihre Funktion besteht in der Erfassung der Analogsignale der Sensoren der Prozessebene sowie deren nachfolgender Umwandlung in digitale Werte. Letztere werden der Automatisierungsebene zur Verfügung gestellt. Ebenso transformiert und überträgt die Verbindungsebene die digitalen Stellgrößen der Automatisierungsebene in analoge Signale an die Aktoren der Prozessebene.

Die physikalischen Messgrößen werden an einem Prüfstand mittels elektrischer Messverfahren erfasst, um eine automatische Weiterleitung an die Datenverarbeitung zu gewährleisten. Die resultierende Messkette umfasst den Messeffekt, welcher durch den Sensor erfasst wird, sowie die nachfolgenden Verarbeitungsschritte. Zunächst wird das Signal durch den Sensor verstärkt, bevor es im Analog-Digital-Wandler digitalisiert wird. Im Anschluss erfolgt die Weiterleitung des Signals zur

Datenverarbeitung. Der Gesamtfehler der Messkette ist die Summe der individuellen Fehler der einzelnen Glieder. Zu den Fehlerquellen zählen beispielsweise Nullpunkt- und Linearitätsfehler. [10]

Aufgrund der hohen Anforderungen an Zuverlässigkeit und zeitliche Präzision erfolgt die Kommunikation meistens über Bussysteme. Der Datenaustausch erfolgt sowohl zyklisch für Messwerte der Sensoren oder die Ansteuerung der Radmaschinen als auch ereignisorientiert bei Fehlern oder Interaktion mit dem Prüfobjekt. Aufgrund der vielfältigen Kommunikationsanforderungen der Prüfstandskomponenten ist der Prüfstand dazu fähig, eine Vielzahl von Kommunikationsprotokollen zu bedienen.

Im Kontext des Antriebsstrangprüfstands finden unter anderem Kommunikationsprotokolle Berücksichtigung, welche auch im Antriebssystem des Fahrzeugs zum Einsatz gelangen. Die Vernetzung der Antriebskomponenten erfolgt größtenteils über den Controller Area Network (CAN)-Bus, der neben hohen Sicherheitsanforderungen auch eine effiziente Datenübertragung sicherstellt. Für sicherheitsrelevante Anwendungen werden zeitgesteuerte Busse wie Flexray genutzt, die exklusive Nachrichten in regelmäßigen Zeitabschnitten senden. Dies führt zu einer Steigerung der Sicherheitsanforderungen, während die Effizienz des Kommunikationsprotokolls sinkt. [22] Die Kommunikation mit Elementen der Prozessebene, abgesehen vom Testobjekt, erfolgt über diverse weitere Bussysteme und andere Kommunikationsprotokolle. [23]

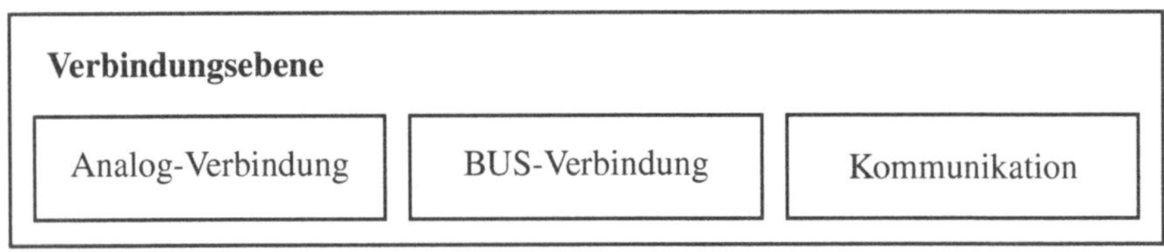

Abbildung 2.3: Allgemeine Systemarchitektur Prüfstand: Verbindungsebene nach [10, 11]

2.1.3 Automatisierungsebene

Die Softwareebenen bauen gemäß Abbildung 2.1 auf den beiden Hardwareebenen auf, wobei die Automatisierungsebene als untere Ebene definiert ist. Die wesentlichen Elemente der Automatisierungsebene sind in Abbildung 2.4 dargestellt. Diese interagieren über Schnittstellen mit den angrenzenden Ebenen, der Verbindungsebene sowie der Serviceebene.

In der Softwarestruktur der Ebene befinden sich Klassen für Sensoren, Aktoren und Testobjekte, welche zur Automatisierung systemweit über eindeutige Kennungen aufgerufen werden können. Die generischen Klassen erlauben die strukturierte Adaption und Erweiterung bereits bestehender Objekte. Darüber hinaus ermöglicht dieser Ansatz die nahtlose Integration neuer Objekte.

Die Erfassung der Daten erfolgt mit dem Ziel einer nachfolgenden Verarbeitung in den Elementen der Automatisierungsebene. Um dieses Ziel zu erreichen, ist eine zentrale Prozessgrößenverwaltung erforderlich, die die vielfältigen Signale und Eingaben organisiert. Die Prozessgrößenverwaltung ermöglicht die dynamische Generierung, Löschung und Modifikation von Größen sowie die Zuweisung eines eindeutigen Identifikationsschlüssels.

In einem weiteren Schritt können die erfassten Signale mittels Formeln und Filtern aufbereitet werden, um sie anschließend verschiedenen weiteren Elementen zur Verfügung zu stellen. In Abschnitt 2.1.5 folgt eine detaillierte Erläuterung der Regelungssysteme und Simulationen eines Antriebsstrangprüfstandes. Diese sind von zentraler Bedeutung für die realitätsnahe Prüfung von Testobjekten.

Die Automatisierungsebene umfasst zudem ein Überwachungssystem, dessen Ziel die Gewährleistung der Sicherheit des Prüfstandspersonals, der Prüfstandsausrüstung sowie des Testobjektes ist. Zu diesem Zweck stehen definierbare Grenzwertüberwachungen zur Verfügung, welche den Zustand der verschiedenen Komponenten des Prüfstandes und des Testobjekts überwachen und bei Überschreitung das System kontrolliert herunterfahren. Neben der Überwachung der Grenzwerte werden diverse Statusmeldungen des Prüfstandes kontrolliert. Dazu zählt beispielsweise die Überwachung des Status aller Türen zum Prüfstand, um ein Betreten während des laufenden Prüflaufs zu unterbinden.

Die Speicherung der Daten geschieht entweder kontinuierlich während des Prüflaufs, durch Trigger im Prüfprogramm oder zu einem definierten Zeitpunkt bei stationären Messungen. Ein spezifisches Speicherungsverfahren ist das Post-Mortem-Verfahren. Dieses wird ereignisgesteuert bei spezifischen Fehlerfällen gestartet, wie unerwarteten Abschaltungen oder der Überschreitungen von Grenzwerten. Dabei fungiert ein Ringpuffer oder Schiebefenster als kontinuierlicher Aufzeichnungsmechanismus für relevante Signale, wobei ältere Werte durch neue ersetzt werden. Bei

Eintritt eines Ereignisses ermöglichen die Ansätze die Analyse der vor und nach der Auslösung gespeicherten Daten. [10]

Im Rahmen der Automatisierung erfolgt die Umsetzung des Versuchsablaufs. Dieser wird in Echtzeit ausgeführt und umfasst sowohl ereignisgesteuerte als auch zeitgesteuerte Ablaufschritte. Die einzelnen Ablaufschritte enthalten Sollwertvorgaben für Regler, Simulation, Testobjekte oder Aktoren. [11]

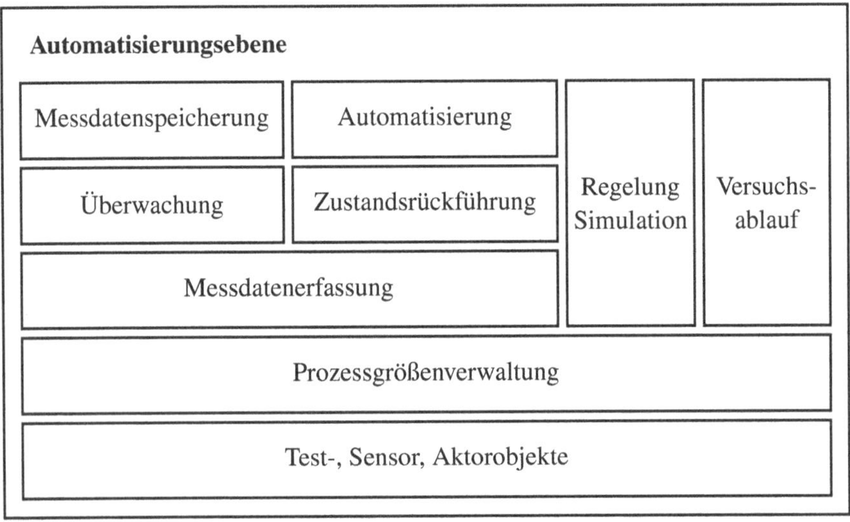

Abbildung 2.4: Allgemeine Systemarchitektur Prüfstand: Automatisierungsebene nach [10, 11]

2.1.4 Serviceebene

Innerhalb der Serviceebene sind die in Abbildung 2.5 dargestellten Elemente zur Bedienung des Prüfstands implementiert. Der Erwerb des Prüfstands inkludiert in der Regel die Installation eines Softwaresystems, das vom Hersteller des Prüfstands bereitgestellt wird. Dieses umfasst eine Benutzeroberfläche, die die Steuerung der Elemente der Automatisierungsebene sowie weiterer Komponenten der Serviceebene ermöglicht. Über diese Benutzeroberfläche können im Rahmen der Prüflaufvorbereitung zudem Parameter, Simulationsmodelle und Testabläufe angepasst sowie deren Integration aus Datenbanken durchgeführt werden. Während des

Prüflaufs fungiert die Software als Visualisierungsinstrument zur Darstellung des aktuellen Zustands aller Komponenten und ermöglicht Eingriffe in den Ablauf der Testprozedur.

Die Serviceebene ermöglicht die Integration verschiedener Analyseverfahren in den Prüflauf, insbesondere durch die Anbindung externer Programme, die spezifische Auswertungen und Bewertungen für bestimmte Erprobungsszenarien bereitstellen. Darüber hinaus unterstützt sie die Implementierung datenbasierter Analysetechniken, wie beispielsweise die Anomalieerkennung zur frühzeitigen Detektion potenzieller Schäden. [11]

Die Serviceebene umfasst zudem Schnittstellen, die eine Anbindung weiterer Prüftechnik sowie die Beeinflussung der digitalen Stellgrößen der Verbindungsebene ermöglichen. Die Mensch-Maschine-Interaktion kann durch den Einsatz von Pedalen und Lenkrad oder Simulatoren erweitert werden. Zudem ist die Erweiterung oder der Austausch von Simulationsmodellen mittels Co-Simulationen möglich. Schließlich findet über diese Schnittstellen auch die Anbindung zur Datenbank des Prüffelds statt, über die Messdaten, Modelle, Parameter, Ablaufpläne usw. ausgetauscht werden können.

Die Möglichkeit der vollständigen Automatisierung eines signifikanten Anteils der Prüfläufe resultiert aus der hohen Flexibilität der an einem Prüfstand einstellbaren Rahmenbedingungen. Dieser Aspekt ist für die Steigerung der Effizienz und die Reduktion der Kosten für die Erprobung von Antriebssträngen von wesentlicher Bedeutung. Das dafür notwendige Prüfprogramm besteht aus unterschiedlichen Modulen, welche spezifische Funktionen abbilden. Dazu zählen das Starten der Datenaufzeichnung, Startroutinen für Testobjekte, Parameteranpassungen, Initialisierung von Modellen und das Ausführen von Stufenfolgen. In den Stufenfolgen werden die Manöver der Erprobung in der Regel durch die Vorgabe von Sollwerten für die Simulation, Aktoren und Testobjekte beschrieben. Für den unbemannten Betrieb ist es zusätzlich erforderlich, geeignete Grenzwerte online zu überwachen und für den Fehlerfall Routinen zur Überführung in einen sicheren Zustand sowie für einen eventuellen Wiederanlauf zu implementieren. [10]

2.1.5 Regelung und Simulation des Antriebsstrangprüfstandes

Der Betrieb des Prüfstandes kann in Abhängigkeit von den Zielen der Erprobung sowie der Ausstattung des Prüfstandes in zwei unterschiedlichen Betriebsmodi und

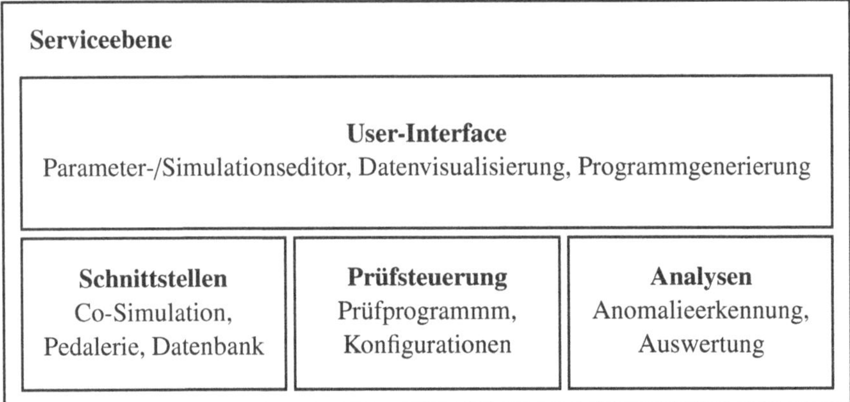

Abbildung 2.5: Allgemeine Systemarchitektur Prüfstand: Servicebene nach [10, 11]

mehreren Regelungsarten stattfinden. Die beiden Betriebsmodi werden in dieser Arbeit als Folgeregelung und Powertrain-in-the-Loop bezeichnet. Innerhalb dieser Betriebsmodi existieren unterschiedliche Regelungsarten, die sich auf die beiden zentralen Regelkreise des Prüfstandes beziehen.

Der erste Regelkreis steuert die Radmaschinen bzw. den Abtrieb des Prüfstandes, während der zweite Regelkreis das Testobjekt respektive den Antrieb beeinflusst. Die Terminologie der Regelungsarten ergibt sich aus den Führungsgrößen für die Regelung der Radmaschinen und des Testobjektes. Die Auswahl dieser Regelungsarten nimmt das Prüfstandspersonal mittels der Prüfsoftware vor, wobei der gewünschte Verlauf der Führungsgrößen als Sollwertespuren im Prüfprogramm beschrieben ist.

Ein Beispiel für eine in der Betriebsart Folgeregelung anwendbare Regelungsart ist die Konstellation ‚n/α'. In dieser Konstellation repräsentiert ‚n' die Drehzahl der Radmaschinen und ‚α' die Pedalstellung des Testobjektes. Weitere Regelgrößen können die Geschwindigkeit des Fahrzeuges v, eine Straßenlastsimulation (RLS, engl. *Road Load Simulation*) oder das Drehmoment M sein. Eine Aufzählung und Einteilung aller gängigen Führungsgrößen ist in Tabelle 2.1 zu finden.

Tabelle 2.1: Regelungsarten des Antriebsstrangprüfstands

	Folgeregelung	Powertrain-in-the-Loop
Führungsgröße Radmaschine	M/n	RLS
Führungsgröße Testobjekt	$M/n/\alpha$	α, v

Folgeregelung

Die Führungsgrößen in der Betriebsart Folgeregelung sind das Drehmoment M, die Drehzahl n oder die Pedalstellung α (vgl. Tabelle 2.1). Die Struktur dieser Regelung ist typischerweise ein PI- oder PID-Regler, wie in den Arbeiten von Zhao et al. und Rossegger et al. beschrieben [25, 26]. Ein detaillierter Vergleich weiterer Regelungsansätze findet sich in [27].

Diese Regelstrukturen zeichnen sich durch eine einfache Handhabung, eine hohe Robustheit und ein gutes Störverhalten aus. Letzteres ist eine notwendige Voraussetzung, da eine elastische und nur schwach gedämpfte Kopplung der beiden Stelleinrichtungen über den Antriebsstrang besteht. Um eine Beeinflussung der Regelkreise untereinander möglichst gering zu halten, ist demnach eine Störkompensation erforderlich. Die Robustheit spielt eine entscheidende Rolle, da sie die Stabilität in Bezug auf Applikationen, Zustandsänderungen oder den Austausch des Testobjektes zwischen Erprobungen gewährleistet. [28]

Aufgrund der hohen Anzahl an Freiheitsgraden in der Betriebsart können im Rahmen der Erprobung Szenarien nachgestellt werden, die in der realen Welt nur mit unverhältnismäßig hohem Aufwand umsetzbar wären.

Um jedoch ein reales Fahrprofil zu replizieren, wird eine Sollspur der Drehzahl als Führungsgröße für den Regelkreis der Radmaschine sowie eine Sollspur des Drehmoments oder der Fahrpedalstellung als Führungsgröße für das Testobjekt benötigt. Die Ermittlung dieser Sollspuren kann entweder durch einen realen Fahrversuch oder mittels Simulation erfolgen. Für einen identischen Belastungsgrad im Vergleich zur Vorgabe muss das Testobjekt identisch zum Pendant in der Sollprofilerstellung sein. Dies ist in der Simulation aufgrund von Modellierungsannahmen kaum möglich und in realen Versuchen aufgrund von sich schnell ändernden Entwicklungsständen und Teileverfügbarkeit kaum durchführbar. Darüber hinaus werden die beiden Sollspuren der Führungsgrößen in Regelkreise (Radmaschine/Testobjekt) mit unterschiedlicher Dynamik eingespeist, was zu einer Verschiebung der Ist-Werte zueinander führt. In der Folge entstehen beim Replizieren von realen Fahrprofilen unter Anwendung der Folgeregelung Belastungen, die sich deutlich von denen eines realen Fahrversuchs unterscheiden. Aus diesem Grund ist diese Regelungsart für das exakte Nachfahren von Fahrprofilen nicht geeignet. [29]

Powertrain-in-the-Loop

Zum Replizieren von Fahrprofilen wird daher die Betriebsart PiL eingesetzt, wobei das Testobjekt einer Belastung unterliegen soll, die der späteren Belastung im realen Fahrzeug entspricht. Das Ziel dieser Validierung besteht in der Durchführung möglichst realitätsnaher Tests, da der Antriebsstrang infolge zunehmender Komplexität und Vernetzung im späteren Entwicklungsverlauf nur noch bedingt grundlegende Änderungen zulässt. Aus diesem Grund ist es von hoher Relevanz, so früh wie möglich verlässliche Ergebnisse in realistischen, kundennahen Einsatzszenarien reproduzierbar zu generieren.

Die Erfüllung der genannten Anforderungen wird durch den Einsatz von Hardware-in-the-Loop (HIL)-Methoden ermöglicht. In einer HIL-Testumgebung interagiert das Testobjekt als Teilsystem mit einer Echtzeitsimulation der übrigen Teilsysteme. Die hohe Flexibilität der Echtzeitsimulation resultiert aus ihrer Modularität, die einen einfachen Austausch der Modelle ermöglicht. Die Integration multiphysikalischer Echtzeitmodelle ermöglicht die Emulation von mechanischen, elektrischen und informationstechnischen Randbedingungen am Prüfstand. [30]

Der PiL-Prüfstand basiert auf dem klassischen HIL-Prüfstand, wobei der Antriebsstrang die Hardware darstellt, die über die Radmaschinen mit der Echtzeitsimulation gekoppelt ist [31]. In diesem System wird über die Radmaschinen ein Drehmoment auf den Antriebsstrang übertragen, um das dynamische Lastverhalten der Erprobung zu emulieren. Die Führungsgrößen der Betriebsart sind die RLS zur Regelung der Radmaschinen und die Geschwindigkeit v oder α zur Regelung des Testobjekts. Im Vergleich zu klassischen Steuergerät-HIL-Prüfständen weist der PiL-Prüfstand spezifische Anforderungen und Charakteristika auf. Diese spiegeln sich insbesondere wider in

- der Verknüpfung aus zeitdiskreter Echtzeitsimulation und kontinuierlichen Signalen des Antriebsstrangs, welche die Analyse des Gesamtsystems erschwert,

- der indirekten Kopplung zwischen Simulation und Testobjekt über die Radmaschinen, welche zusätzliche Regelungskreise erfordert,
- der Vielzahl an Ein- und Ausgängen aufgrund der hohen Vernetzung des Antriebsstrangs, was die Komplexität der Systemintegration erhöht
- sowie den hohen Kosten für die Komponenten des Prüfstandes und deren aufwändige Wartung. [32]

Eine Echtzeitsimulation eines PiL-Prüfstands setzt sich aus folgenden vier Teilmodellen zusammen: Strecke, Fahrer, Fahrzeug und Reifen. Die Interaktion dieser Teilmodelle mit dem Prüfstand sowie die Struktur und Vernetzung der Simulation sind in Abbildung 2.6 dargestellt.

Das Teilmodell Strecke spezifiziert die Umwelt des Testszenarios und definiert außerdem den Ablauf der Tests. Die Umwelt umfasst dabei Aspekte wie den Straßenverlauf, äußere Einflüsse (z.B. Wind) sowie die Straßenbeschaffenheit und -topologie. Zusätzlich wird in diesem Modell der Geschwindigkeitsverlauf für das jeweilige Testszenario spezifiziert. Die Informationen aus dem Teilmodell Strecke bilden die Grundlage für die weiteren Teilmodelle und gewährleisten damit eine konsistente Beschreibung der Umwelt.

Das Teilmodell Fahrer nutzt die Informationen zum Straßenverlauf und zur Geschwindigkeit, um das Fahrzeug zu führen. Mit Hilfe der Pedale und der Gangwahl versucht der Fahrer der Längsdynamik des Szenarios zu folgen. Dieser Regelkreis interagiert sowohl mit dem Prüfstand als auch mit dem Fahrzeugmodell. Die Querdynamik wird durch den Lenkeinschlag gesteuert, der eine Eingangsgröße des Fahrzeugmodells ist. Eine detaillierte Beschreibung zur Modellierung des menschlichen Fahrverhaltens ist in Abschnitt 2.2 zu finden.

Der Zustand des Fahrzeugs wird innerhalb des Teilmodells Fahrzeug über ein physikalisches Modell, beispielsweise ein nichtlineares Zweispurmodell [33], errechnet. Eine Variation der Parameter erlaubt die unkomplizierte Adaption des physikalischen Modells an unterschiedliche Fahrzeuge. Dieser Vorgang ist sowohl während der Erprobung, zum Beispiel durch eine Erhöhung des Gewichts, als auch beim Wechsel des Testobjekts erforderlich. Sowohl der Fahrer als auch das Reifenmodell empfangen Informationen bezüglich des Fahrzeugzustands.

Im Reifenmodell laufen die Informationen von Fahrzeug und Prüfstand zusammen und werden über eine Schlupfberechnung und ein geeignetes Reifenmodell verknüpft. Da das Reifenmodell in Echtzeit berechenbar sein muss und gleichzeitig die Kopplung von Längs- und Querdynamik bei hochdynamischen Fahrmanövern berücksichtigen soll, bieten sich semi-empirische Modelle wie das Magic-Formula-Modell von Pacejka aus [34] an. Die Replikation der Massenträgheit der Räder erfolgt entweder innerhalb der Simulation, wie in [29, 35] beschrieben oder durch den Aufbau der Massenträgheit als Schwungmasse an den Radmaschinen. [36]

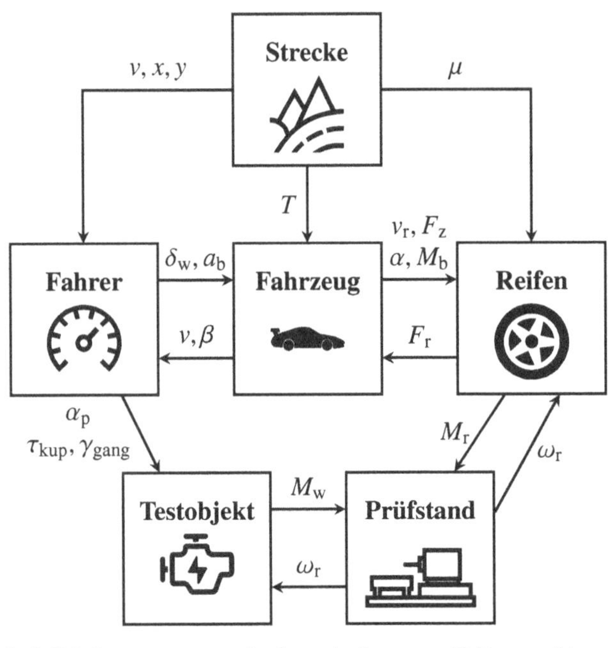

v: Geschwindigkeit
x, y: Straßenverlauf
T: Topographie
μ: Straßenverhältnisse
δ_w: Lenkradwinkel
a_b: Bremswunsch
β: Schwimmwinkel
α_p: Fahrpedalstellung
γ_{gang}: Gangwahl
τ_{kup}: Kupplungsstellung
F_r: Radkräfte
v_r: Radgeschwindigkeit
F_z: Radlast
α: Schräglaufwinkel
M_b: Bremsmoment
M_r: Radmoment
ω_r: Drehgeschwindigkeit
M_w: Seitenwellenmoment

Abbildung 2.6: Teilsysteme und Schnittstellen der Echtzeitsimulation eines Antriebsstrangprüfstands nach [36]

Die vorliegende Grundstruktur eines PiL-Prüfstands von Brodbeck et al. ist bereits weit verbreitet und wurde in diversen Veröffentlichungen erweitert.

Jeschke et al. widmen sich in ihrer Publikation der Konstruktion eines PiL-Prüfstandes für elektrische Fahrzeuge und fokussieren sich dabei auf die Modellierung der erforderlichen elektrischen Komponenten [37]. Eine Gegenüberstellung bestehender Regelungsansätze der RLS sowie eine Erweiterung und deren Validierung durch Tip-in-Manöver sind in [38, 39] zu finden.

Lensch-Franzen et al. erweitern die zuvor beschriebene Struktur in [40] um RDE-Messungen im Prüfstandsbetrieb nachzustellen. Zu diesem Zweck kommt eine Co-Simulation zum Einsatz, die komplexe dynamische Prozesse des Verkehrsverhaltens modelliert und simuliert. Die Integration von zufallsbasierten Verkehrsszenarien [2] setzt zudem die Adaption des Fahrers voraus. In der Konsequenz folgt der Fahrer nicht mehr ausschließlich einem Straßenverlauf und einer Geschwindigkeit, sondern ist auch zur Interaktion mit anderen Verkehrsteilnehmern gezwungen.

Des Weiteren werden Vergleiche zwischen realen Fahrzeugmessungen und Messungen des Prüfstands durchgeführt, wobei sich Heusch et al. in [41] auf Manöver mit schnellen Lastwechseln konzentrieren, während Schilling et al. in [42] die Rundenzeiten im Rennstreckenbetrieb untersuchen.

Fagcang et al. präsentieren ergänzend weitere Anwendungsfälle von PiL-Prüfständen und diskutieren die spezifischen Einsatzmöglichkeiten in diversen Szenarien [43]. Darüber hinaus analysieren Lensch-Franzen et al. und Fagcang et al. den Einsatz von PiL-Prüfständen im Rahmen der Antriebsstrangentwicklung. Sie erläutern die Relevanz dieser Prüfstände in der Entwicklungsphase und grenzen sie von alternativen Testmethoden und Prüfständen ab.

2.2 Fahrermodellierung

Die vorrangige Aufgabe eines Fahrers besteht darin, ein Fahrzeug sicher von einem Startpunkt zu einem vorgegebenen Ziel zu manövrieren. Die Realisierung dieser Aufgabe setzt die Wahrnehmung der Umgebung des Fahrzeugs durch den Fahrer sowie die kontrollierte Steuerung der Aktuatoren des Fahrzeugs voraus. Zur Modellierung dieser komplexen Aufgabenstellung werden Fahrerverhaltensmodelle herangezogen, die auf allgemeinen Verhaltensmodellen für menschliche Arbeit basieren. [44]

Das 3-Ebenen-Modell des Fahrerverhaltens (vgl. Abbildung 2.7) von Michon gliedert die Fahraufgabe hierarchisch in die Strategieebene, die Manöverebene und die Kontrollebene. Dabei nimmt die Länge des Planungshorizonts von der Strategieebene zur Steuerungsebene ab, während sich die Reaktivität des Fahrers umgekehrt korrelierend verhält. Die allgemeine Planung einer Reise findet auf der strategischen

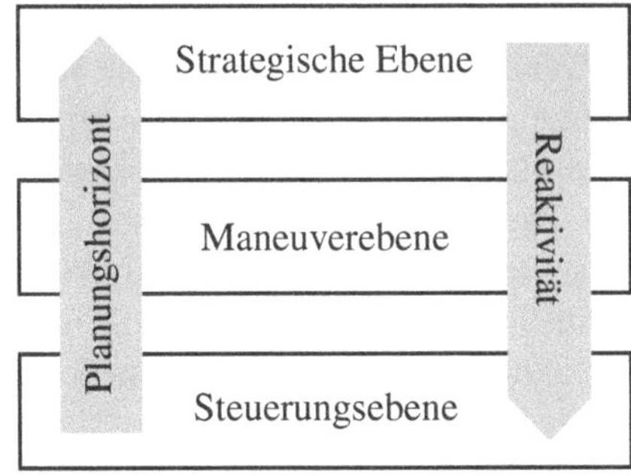

Abbildung 2.7: 3-Ebenenmodell des Fahrerverhaltens nach [45]

Ebene statt. Diese basiert auf dem definierten Ziel, einer geeigneten Route sowie einer Abschätzung der damit verbundenen Kosten und Risiken. Einflussfaktoren können neben dem Verkehrsaufkommen und der Dauer auch der Komfort sein. Auf der Manöverebene reagiert der Fahrer auf die vorherrschenden Umstände. Dazu zählt häufig die Ausführung von notwendigen Fahrmanövern wie Ausweichen, Abbiegen oder Überholen, die der Fahrer mit den Zielen der Strategieebene abwägt. Umgekehrt können bestimmte Fahrmanöver auch die Ziele der Strategieebene verändern. Die finale Aufgabe des Fahrers besteht in der Bedienung der Stellgrößen auf der Kontrollebene, wozu die Betätigung der Pedale sowie des Lenkrades zählt. Das Ziel besteht darin, den gewählten Soll-Werten des Manövers mit möglichst geringer Abweichung zu folgen. [45]

In der Antriebsstrangerprobung werden verschiedene Erprobungsszenarien genutzt, die entweder reale Strecken, wie Rennstrecken oder markante Abschnitte öffentlicher Straßen, repräsentieren oder simulativ generiert wurden. Die strategische Ebene ist daher bereits vor Beginn der Erprobung durch den Entwicklungsingenieur festgelegt. Ergänzend werden den Szenarien im Vorfeld der Erprobung ein definierter Straßenverlauf sowie eine Zielgeschwindigkeit zugewiesen, die üblicherweise mittels simulationsgestützter Verfahren ermittelt werden. Auf diese Weise lässt sich das Szenario nahezu identisch reproduzieren, sodass ein Vergleich des gleichen Testobjekts mit unterschiedlichen Konfigurationen möglich ist. In diesem Kontext ist damit auch die Aufgabe der Manöverebene vor der Erprobung erledigt, wodurch sich die Fahrermodellierung an Antriebsstrangprüfständen ausschließlich auf die Kontrollebene fokussiert. Eine Ausnahme stellen Systeme dar, die eine stochastische Verkehrsaufkommensimulation nutzen, wie bereits in Abschnitt 2.1.5 beschrieben.

Bezüglich der Modellierung der Kontrollebene, auch Trajektorienfolgeregelung genannt, existiert eine Vielzahl von Veröffentlichungen aus dem Bereich des autonomen Fahrens [46–49]. Eine Übertragung dieser Konzepte auf die Anwendung am Antriebsstrangprüfstand ist in vielen Fällen möglich. Die Separation oder Kombination der Lateral- und Longitudinaldynamik in der Regelung wird durch den Aufbau des Regelungssystems und die Ausgestaltung der Regelungsstrategie bestimmt. In diesem Kontext finden verschiedene Regelungskonzepte Anwendung, darunter die klassische, optimierungsbasierte, lernbasierte bzw. heuristische Regelung oder eine Kombination der Regelungen. Eine Übersicht zu aktuellen Regelungsansätzen und Problemen wird in [26, 50–52] aufgeführt.

2.3 Digitaler Zwilling

Digitale Zwillinge werden als digitale Duplikate von cyberphysischen Systemen (CPS, engl. *Cyber-Physical System*) konzipiert, die ihr physisches Gegenstück darstellen, steuern und überwachen können, um Ressourcen besser zu nutzen [9]. Diverse Literaturanalysen widmen sich der Definition, den Einsatzgebieten sowie den Gemeinsamkeiten von existierenden digitalen Zwillingen [6, 53–56].

Aufbauend auf dem ursprünglichen Drei-Dimensionen-Modell von Grieves ([57]) erweitern Tao et al. ([54]) in ihrer Arbeit das Konzept des Digitalen Zwillings zu einem Fünf-Dimensionen-Modell (Abbildung 2.8). Dieses Modell umfasst die folgenden Dimensionen:

Physische Entität (PE, engl. *Physical Entity*)
Das reale System, bestehend aus mechanischen, elektrischen und informationstechnischen Komponenten wie Aktoren, Sensoren und funktionalen Einheiten.

Virtuelle Entität (VE, engl. *Virtual Entity*)
Das digitale Abbild der physischen Entität, das Modelle hinsichtlich Geometrie, physikalischer Eigenschaften, Verhalten und Systemregeln enthält.

Dienste (Ss, engl. *Services*)
Funktionale Einheiten des Digitalen Zwillings, die beispielsweise Optimierungen, Vorhersagen oder Entscheidungsunterstützung ermöglichen.

Daten des digitalen Zwillings (DD, engl. *Digital Twin Data*)
Die gesammelten und fusionierten Daten aus PE, VE, Ss sowie domänenspezifischem Wissen, welche als Grundlage für Analysen und Entscheidungen dienen.

Verbindungen (CN, engl. *Connections*)
Kommunikations- und Datenschnittstellen, die einen durchgängigen Informationsfluss zwischen den einzelnen Dimensionen gewährleisten.

Ein zentrales Merkmal des Digitalen Zwillings ist der vollständig integrierte, bidirektionale Datenfluss zwischen physischer und digitaler Entität. Dieser ermöglicht es, dass eine Zustandsänderung in der einen Entität unmittelbar eine entsprechende Reaktion in der anderen hervorruft. In der Konsequenz kann der Digitale Zwilling nicht nur den aktuellen Zustand des physischen Objekts abbilden, sondern es potenziell auch aktiv steuern. [56]

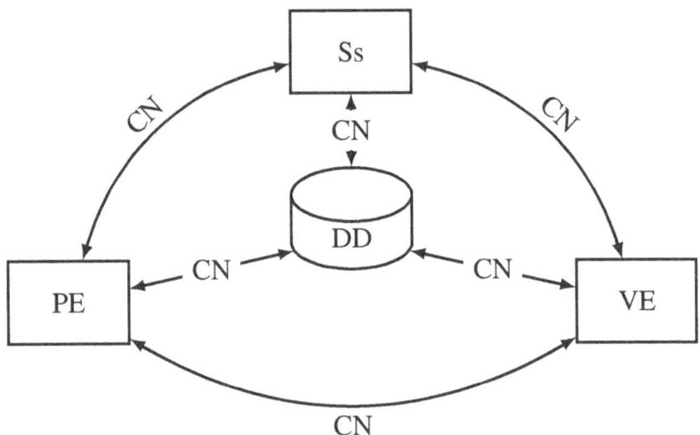

Abbildung 2.8: 5-Dimensionen-Modell des digitalen Zwillings nach [54]

In der Automobilindustrie existieren zahlreiche Anwendungsbereiche digitaler Zwillinge, welche sich über den gesamten Lebenszyklus eines Fahrzeugs erstrecken. Diese umfassen die Simulation und Optimierung von Fahrzeugdesigns, die Überwachung und Steuerung von Produktionsprozessen sowie die Verbesserung von Betrieb, Wartung und Kundenerlebnis. Der Einsatz digitaler Zwillinge ermöglicht Herstellern die Generierung virtueller Prototypen, die Optimierung von Produktionssystemen sowie die Echtzeit-Analyse des Zustandes von Fahrzeugen im Feld. Bei Elektrofahrzeugen finden digitale Zwillinge insbesondere Verwendung, um die

Batterieleistung zu überwachen, den Energieverbrauch zu optimieren und prädiktive Wartungsmaßnahmen zu ermöglichen. [58–60]

Die folgenden Abschnitte befassen sich zunächst mit der Architektur des digitalen Zwillings und dessen Komponenten. Abschließend wird aktuelle Forschung zu digitalen Zwillingen von Prüfständen diskutiert.

2.3.1 Architektur und Elemente des digitalen Zwillings

In Abbildung 2.9 sind das CPS, die Daten und digitalen Schatten sowie der digitale Zwilling über mehrere Kommunikationskanäle verbunden. Daten von Prozessen und Maschinen, die im CPS entstehen, werden von den digitalen Schatten aufgenommen und verarbeitet. Der digitale Zwilling besteht aus einer Vielzahl von Modellen, digitalen Schatten und Diensten. In den nachfolgenden Abschnitten werden diese fünf Elemente des digitalen Zwillings detailliert erörtert.

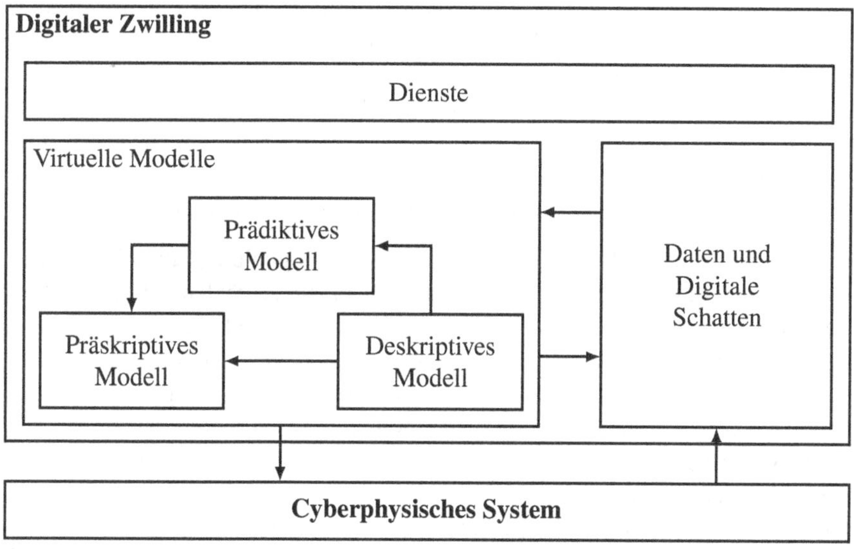

Abbildung 2.9: Architektur des digitalen Zwillings nach [9]

Cyberphysisches System

Mosterman und Zander definieren in [61] ein CPS als ein technisches System, das durch die nahtlose Integration von Rechenalgorithmen und physischen Komponenten entsteht. Darüber hinaus sind diese Systeme dazu fähig, nicht nur mit ihrer physischen Umgebung zu interagieren, sondern auch im Cyberspace zu kommunizieren. Zu diesem Zweck erfassen die Systeme Daten von Sensoren und steuern Aktoren. Der Cyberspace ist ein Ort, an dem Kommunikation und Interaktion zwischen den verschiedenen Systemen stattfindet, welche gemeinsam ein CPS bilden. Die Kommunikation ermöglicht die dynamische Konfiguration, die Zusammenarbeit sowie die gemeinsame Nutzung von Ressourcen der Teilsysteme.

Digitaler Schatten

Die durch Sensoren erfasste Datenmenge in technischen Systemen kann beträchtlich sein. Angesichts der heutigen technologischen Entwicklungen ist eine vollständige Verarbeitung und Analyse aller aufgezeichneten Daten kaum realisierbar. Dennoch bildet eine fundierte Datengrundlage eine essenzielle Voraussetzung für die Entwicklung und den Betrieb eines digitalen Zwillings. In der Produktionstechnik hat sich in diesem Zusammenhang der Begriff des digitalen Schattens etabliert. Dieser bezeichnet eine Sammlung von Datenfragmenten und Modellen, welche die zur Erfüllung einer Aufgabe notwendigen Informationen enthalten. [62]

Im Kontext des digitalen Zwillings beinhaltet der digitale Schatten jene Daten, welche durch das zugehörige CPS erfasst wurden. Hierzu zählen unterschiedliche Arten von Sensordaten, regelungstechnische Aktionen sowie Eingaben von menschlichen Bedienern. Neben der Quantität der Daten stellt auch die Varianz der Daten eine Herausforderung dar. Es ist daher erforderlich, dass die digitalen Schatten Mechanismen zur Reduktion von Daten aufgrund der Menge, des Detailgrads oder der Unvollständigkeit bereitstellen. Zusätzlich können durch mathematische Modelle oder weitere Informationen die Daten des Systems angereichert werden. Die komprimierten und angereicherten Daten dienen schließlich dem Zweck, schnelle Entscheidungen zu fördern, die Performance zu verbessern und eine optimale Anpassung an das System zu erreichen. Da diese Daten stets zweckgebunden sind, entsteht eine Vielzahl von digitalen Schatten. [9]

Virtuelle Modelle

Das Ziel der virtuellen Modelle besteht darin, das zugehörige CPS im digitalen Raum abzubilden. Die hohe Komplexität und Interdisziplinarität moderner Systeme bedingt dabei den Einsatz und die Vernetzung einer Vielzahl von Modellen unterschiedlicher Ingenieursdisziplinen. Zu diesen Modellen zählen beispielsweise technische Modelle, Softwaremodelle oder mathematische Modelle in diversen Programmiersprachen. Die Struktur dieser Modelle orientiert sich dabei an der Struktur des abzubildenden CPS [63].

Eramo et al. präsentieren in [64] eine Strukturierung der Modelle nach ihrer Funktion im digitalen Zwilling. Das deskriptive Modell repliziert das System und die Systemumgebung inklusive dessen aktueller und vergangener Zustände, um das Systemverständnis zu fördern und Analysen zu ermöglichen. Der Einsatz eines prädiktiven Modells dient der Vorhersage von Informationen, die innerhalb eines CPS nicht direkt gemessen wurden. Für diesen Zweck werden häufig simulationsbasierte Ansätze oder neuronale Netzwerke verwendet. Die auf diese Weise generierten Daten ermöglichen Analysen und dienen als Grundlage für evidenzbasierte Entscheidungsfindungen. Das präskriptive Modell stellt eine Abbildung des zu realisierenden Systems dar, um die Implementierung der konzipierten Optimierungen voranzutreiben.

Die Interaktion der Modelle untereinander sowie mit dem digitalen Zwilling stellt eine wesentliche Herausforderung dieser heterogenen Modelllandschaften dar. Das Konzept des digitalen Zwillings hat seinen Ursprung im Softwarebereich, wird jedoch in verschiedenen domänenspezifischen Kontexten durch spezifische Modelle und Implementierungen realisiert. So kommen unterschiedliche numerische Simulations- und Modellierungsmethoden, wie beispielsweise 1D-Mehrkörpersimulation (MKS, engl. *Multibody Simulation*), Finite-Elemente-Methode (FEM, engl. *Finite Element Method*) oder Computer-Aided Design (CAD) zum Einsatz. Die korrekte Integration der Semantik und Syntax dieser Modelle ist jedoch von entscheidender Bedeutung, um eine hohe Qualität des digitalen Zwillings zu gewährleisten. Dalibor et al. präsentieren dazu in [65] ein zweistufiges Framework, welches die Funktionalitäten des digitalen Zwillings um eine Low-Code-Development-Plattform erweitert. Diese ermöglicht Domänenexperten ohne Software-Hintergrund die Bedienung und Anpassung des digitalen Zwillings.

Dienste und Verbindungen

Digitale Zwillinge bieten eine Reihe von Diensten, die es ermöglichen, digitale Schatten und Modelle in Bezug auf das reale System sinnvoll zu nutzen. Je nach Einsatzphase des digitalen Zwillings und dem damit verfolgten Zweck ergeben sich unterschiedliche Anforderungen an die Dienste. [9]

Mögliche Dienste sind z. B. die Systemüberwachung, die eine Echtzeitbeobachtung des Systemzustands ermöglicht, um aktuelle Informationen über den Betrieb des Systems bereitzustellen. Simulation ermöglicht die virtuelle Nachbildung des Systemverhaltens unter verschiedenen Bedingungen, um mögliche Auswirkungen zu analysieren. Die Vorhersage nutzt Daten und Modelle, um das zukünftige Systemverhalten vorherzusagen, und die Optimierung zielt darauf ab, die Systemleistung durch Simulation und Analyse zu verbessern. [66]

Wie in Abbildung 2.9 dargestellt, fließen die Datenströme vom CPS in den digitalen Zwilling und werden dort gespeichert. Damit ist der digitale Zwilling in der Lage, sowohl digitale Schatten zu erzeugen und zu speichern als auch Analyseergebnisse im Datenspeicher abzulegen. Zwischen den virtuellen Modellen bestehen Verbindungen im Sinne von Entscheidungshilfen, die zur Erweiterung und Adaption des präskriptiven Modells dienen. Der Kreis zwischen dem CPS und dem digitalen Zwilling wird schließlich durch eine Verbindung geschlossen, die eine Konfiguration und Steuerung des CPS ermöglicht. [9, 64]

2.3.2 Digitale Zwillinge von Prüfständen

Aufgrund der begrenzten Verfügbarkeit und der hohen Kosten für moderne Prüfsysteme in der Antriebsentwicklung fanden schon früh erste Untersuchungen zum Einsatz von Simulation zur Optimierung der Erprobung statt. Dafür wurde zunächst der Begriff *virtueller Prüfstand* genutzt. Mit fortschreitender Integration der Softwareentwicklung in den Ingenieursbereich setzte sich der Begriff digitaler Zwilling auch im Prüfstandsbereich durch, während der *virtuelle Prüfstand* eine Methode zur virtuellen Absicherung in frühen Phasen der Entwicklung und kein Abbild des Prüfstands mehr darstellte. Im folgenden werden Forschungen zu digitalen Zwillingen von Prüfständen aus dem Automobilbereich vorgestellt und nach deren Prüfstandstyp und Anwendungszweck kategorisiert (vgl. Tabelle 2.2). Die Implementierung der digitalen Zwillinge erfolgt meist in domänenspezifischen Simulationsprogrammen und wird daher nicht genauer analysiert.

Tabelle 2.2: Literaturübersicht digitaler Zwillinge im Prüfstandsbereich

	Antriebs-strang-prüfstand	Motor-prüfstand	Getriebe-prüfstand	Dämpfer-prüfstand	Schwin-gungs-prüfstand
Konzeption neuer Prüfstände	Bauer [12]				Haag [67] Speckert [68]
Virtuelle Inbe-triebnahme	Albers [69] Veith [70]	Jung [71]	Röper [72]		Weigel [73]
Optimierung Prüfstands-regelsysteme	Liu [74] Schmidt [75] Song [76] Veith [70]	Jung [71] Mastro [77] Winkler [78]		Benz [79]	Weigel [73]
Verifikation und Optimierung Prüfprogramm	Albers [69] Bauer [12] Pillas [80]		Röper [72] Kübler [81]	Benz [79]	Speckert [68]
Analyse der Erprobung	Albers [69]		Li [82]		Haag [67]

In der Designphase eines Prüfstands finden digitale Zwillinge Anwendung. Damit werden neue Konzepte vor der Fertigung der einzelnen Bauteile hinsichtlich der geometrischen Abmessungen der Prüfstandskomponenten in Kombination mit dem Testobjekt untersucht [68]. Neben den geometrischen Anforderungen können mit dem digitalen Zwilling in der Designphase auch die Belastungen der mechanischen Belastungseinheiten abgeschätzt werden für eine bessere Dimensionierung, wie Speckert et al. in [68] anhand eines Achsprüfstands und Bauer et al. in [12] anhand eines Antriebsstrangprüfstands aufzeigen. Bei der Konzeption eines Biegeprüfstands legt die Untersuchung von Haag und Anderl den Schwerpunkt auf den softwaretechnischen Aufbau des digitalen Zwillings. Trotz der Einfachheit des Prüfstandsystems können die Parallelen zur Kommunikation zwischen physischem und virtuellem Raum auf komplexere Systeme übertragen werden. [67].

Neben der Konzeption des Prüfstands bietet ein digitaler Zwilling die Möglichkeit das Regelungssystem des Prüfstands und dessen Komponenten zu untersuchen. Dabei untersuchen Schmidt und Prokop mittels Block-Box-Modellierung die Stabilität der Regelkreise der mechanischen Belastungseinheiten eines Antriebsstrangprüfstands [75]. Vergleichbare Ansätze auf Basis von physikalischer Modellierung werden von Weigel et al. und Benz in [73, 79] für Achs- und Dämpferprüfstände vorgestellt. Neben der Regelung einzelner Komponenten der Prüfstandsperipherie finden auch Untersuchungen zu den Betriebs- bzw. Regelungsarten des Prüfstands statt. Im Bereich der Antriebs- und Motorenprüstände liegt dabei der Fokus auf den Echtzeitmodellen. Der digitale Zwilling ermöglicht es, neue Modelle in der virtuellen Umgebung zu testen, bevor diese am Prüfstand implementiert werden. In diesem Kontext wird insbesondere die Echtzeitfähigkeit der Modelle überprüft [77], die Kompatibilität der Modelle gewährleistet [70, 74, 76, 78] und eine durchgängige Modellkette zwischen verschiedenen Prüfstandstypen etabliert [71].

Neben dem Prüfstand hat auch das Prüfprogramm einen entschiedenen Einfluss auf die Qualität der Erprobung. Bauer et al. und Benz nutzen den digitalen Zwilling um die Lastkollektive für den Prüfstand zu ermitteln bzw. an Messungen von realen Belastungen anzugleichen. Durch die Optimierung im virtuellen Raum, sinkt die Inbetriebnahmedauer für die reale Erprobung [12, 79]. Besonders die in der Produktion befindlichen End-Of-Line-Prüfstände haben kaum Stillstandszeiten zur Entwicklung oder Optimierung von Prüfprogrammen. Daher nutzen Röper und Kübler et al. in [72, 81] den digitalen Zwilling zur Verifikation neuer Prüfprogramme, aber auch zur Optimierung des Erprobungsablaufes. Pillas untersucht in [80] die Eignung verschiedener Prüfsysteme für spezifische Manöver zur Untersuchung der Fahrbarkeit. Dabei nutzt er den virtuellen Raum zur Optimierung von Parametern des Prüfprogrammes [80].

In der virtuellen Inbetriebnahme gibt es zwei Arten der Anwendung eines digitalen Zwillings. Zum einen kann untersucht werden, ob das Testobjekt in seinen geometrischen Abmaßen in den Prüfstand integriert werden kann [72, 73], zum anderen können die Echtzeitmodelle des Prüfstands im Vorfeld der Erprobung im virtuellen Raum an den Prüfling angepasst werden [69–71]. In beiden Fällen wird die Inbetriebnahmedauer im Prüfstand durch die Reduktion von Adaptionen, wenn das Testobjekt bereits im Prüfstand ist, verringert.

Die Überwachung des CPS während des Betriebes ist aufgrund der meistens sehr umfangreichen Funktionen des Automatisierungssysteme ein seltener Anwendungsfall von digitalen Zwillingen im Prüfstandsbereich. Im Falle von einfachen Prüfstandssystemen kann der digitale Zwilling allerdings zur Visualisierung und Überwachung des aktuellen Zustandes des Prüfstands genutzt werden [67, 82]. Albers und Schyr nutzen den digitalen Zwilling zur Analyse von Fehlerfällen und zur Entwicklung von Abstellmaßnahmen [69].

Neben den spezifischen Anwendungen auf einzelnen Prüfstandstypen stellen die Forschungen von Kötter et al. und Wipfler et al. den Einsatz von digitalen Zwillingen von Prüfständen entlang des gesamten Validierungsprozesses dar. Der Fokus liegt dabei auf der Durchgängigkeit von Modellen. [83, 84]

2.4 Reinforcement Learning

Der Begriff des Reinforcement Learning bezeichnet ein Konzept, das zur Lösung sequentieller Entscheidungsprozesse herangezogen wird. Dabei löst ein Agent (engl. *Agent*) ein Problem, indem er eine Sequenz an Entscheidungen fällt. Das Ziel besteht darin, eine Sequenz zu finden, die die höchste erwartete zukünftige Belohnung (engl. *Reward*) garantiert.

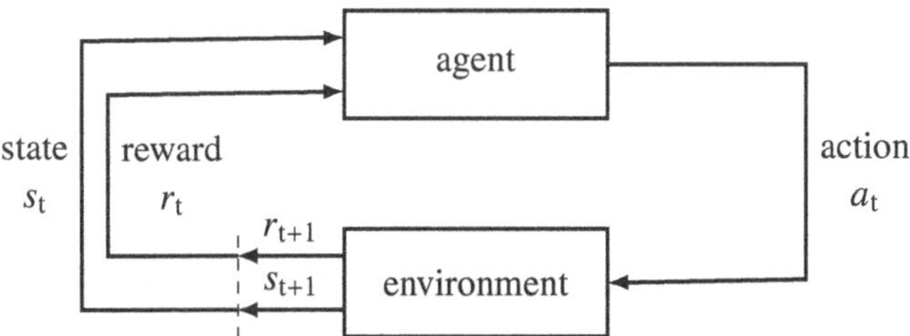

Abbildung 2.10: Agent und Umgebung im Reinforcement Learning [85]

Zur Realisierung dieses Ziels interagiert der Agent mit seiner Umgebung (engl. *Environment*), wie in Abbildung 2.10 visualisiert. Ergänzend zum Agent und der Umgebung werden in dieser Abbildung die Aktion (engl. *Action*) a_t, der nächste Zustand (engl. *State*) s_{t+1} und der nächste Reward r_{t+1} dargestellt. Zum Zeitpunkt t befindet sich die Umgebung in einem definierten State s_t. Daraufhin initiiert der Agent eine Action, die zu einer Zustandsänderung von s_t zu s_{t+1} im nächsten Zeitschritt führt. Diese Zustandsänderung resultiert wiederum in einem positiven oder negativen Reward r_{t+1}. Formal ausgedrückt besteht das Ziel darin, die optimale Strategie (engl. *Policy*) zu ermitteln, die in jedem State die optimale Action vorgibt. [86] Dafür ist der Agent in der Lage, durch das Ausprobieren verschiedener

Aktionen und das Akkumulieren derer Rewards die optimale Action für jeden State zu identifizieren. Dieser Prozess des Lernens durch wiederholte Interaktion mit der Umgebung, auch als Training bezeichnet, und der daraus resultierenden Optimierung der Policy führt zur Lösung des Problems. [85]

In den nachfolgenden Abschnitten erfolgt eine Erörterung der Bestandteile des sequentiellen Entscheidungsprozesses im Kontext von RL. Im Anschluss werden verschiedene Lernstrategien dieses Verfahrens aufgezeigt, die in ingenieurtechnischen Anwendungen zur Problemlösung zum Einsatz kommen.

2.4.1 Sequentieller Entscheidungsprozess

Ein sequentieller Entscheidungsprozess bezeichnet eine Sequenz von Entscheidungen, welche den State eines Systems beeinflussen und langfristige Rewards maximieren sollen. Zu diesem Zweck werden zentrale Konzepte wie das Markow-Entscheidungsproblem (MDP, engl. *Markov Decision Process*), eine Policy sowie Zustandswerte (engl. *State Values*) und Aktionswerte (engl. *State-Action Value*) zur Bewertung von Entscheidungen herangezogen.

Markov Desicion Process

Ein sequentielle Entscheidungsprozess lässt sich mathematisch als MDP modellieren. Eine charakteristische Eigenschaft dieses Prozesses ist, dass der nächste State lediglich durch den aktuellen State und die ausgeführten Aktionen bestimmt wird. Dies impliziert, dass keine Verbindung zu Informationen aus vorangegangenen Zuständen besteht. [86]

Ein MDP ist ein ist ein 5-Tupel (S, A, T_a, R_a, γ), wobei:

- S eine endliche Menge zulässiger Zustände der Umgebung mit dem Anfangszustand s_0 ist.
- A eine endliche Menge an Aktionen ist.
- $T_a(s, s') = \mathbb{P}(s_{t+1} = s'|s_t = s|a_t = a)$ ist die Wahrscheinlichkeit (*transition*), dass Action a in State s zum Zeitpunkt t zu State s' zum Zeitpunkt $t + 1$ übergeht.
- $R_a(s, s')$ der Reward ist, der erhalten wird, nachdem die Action a den State s in den State s' überführt.
- $\gamma \in [0, 1)$ der Diskontfaktor (engl. *discount factor*) ist, der den Unterschied zwischen zukünftigen und gegenwärtigen Rewards repräsentiert. [86]

Policy

Die Lösung des Prozesses basiert auf Entscheidungen, die der Agent auf Grundlage einer Policy trifft. Die Policy definiert, welche Aktionen der Agent zu einem bestimmten State ausführt. [86]

Eine Policy

$$\pi \in \Pi : S \rightarrow \mathbb{P}(A) \qquad \text{Gl. 2.1}$$

ist eine bedingte Wahrscheinlichkeitsverteilung, die für jeden möglichen State $s \in S$ die Wahrscheinlichkeit jeder möglichen Action $a \in A$ angibt. Π ist der Raum aller möglichen policies. [86]

State Value

Für die Bewertung der Policy ist die Definition des State Values notwendig, der über die State Value Function ermittelt wird. Das Ergebnis der Funktion beschreibt den erwarteten kumulierten Reward, wenn der Agent im State s startet und der Policy π folgt. [86]

Der State Value

$$V^{\pi}(s) : S \rightarrow \mathbb{R} \qquad \text{Gl. 2.2}$$

für eine gegebene Policy π, einen Anfangszustand s_0 und γ ist definiert als

$$V^{\pi}(s) = \mathbb{E}_{\pi}\left[\sum_{i=0}^{\infty} \gamma^{i} \cdot r_{t+i} \mid s_{\mathrm{t}} = s\right]. \qquad \text{Gl. 2.3}$$

[86]

State-Action Value

Die State-Action Value Function, auch als Q-Funktion bezeichnet, beschreibt den erwarteten kumulierten Reward, wenn der Agent im State s die Action a tätigt und der Policy π folgt. Der Q-Wert stellt demnach den Wert dar, der die Qualität einer State-Action-Kombination abbildet. [86]

Der State-Action Value

$$Q^{\pi}(s,a) : S \times A \rightarrow \mathbb{R} \qquad \text{Gl. 2.4}$$

für eine gegebene Policy π, einen Anfangszustand s_0, eine Action a und γ ist definiert als

$$Q^{\pi}(s,a) = \mathbb{E}_{\pi}\left[\sum_{i=0}^{\infty} \gamma^{i} \cdot r_{t+i} \mid s_{\mathrm{t}} = s, a_{\mathrm{t}} = a\right]. \qquad \text{Gl. 2.5}$$

[86]

Optimalfunktion und -Policy

Während des Trainings des Agent besteht dessen Ziel darin, eine optimale Policy zu entwickeln, mit der der höchstmögliche durchschnittliche Reward ausgehend vom Anfangszustand s_0 erreicht wird. So existiert eine optimale State Value Function, die einen Wert annimmt, der größer oder gleich den Werten aller anderen möglichen State Value Functions ist. Die Policy, die der optimalen State Value Function entspricht, wird durch die arg max-Funktion ermittelt und repräsentiert die optimale Policy π^*. Zusätzlich kann die optimale Policy auch mithilfe der optimalen State-

Action Value Function Q^* bestimmt werden, da diese explizit angibt, welche Action in einem bestimmten State den höchsten Wert besitzt. [86]

Für einen gegebenen MDP und $s \in S, a \in A$ ist die Policy

$$\pi^*(a|s) = \arg\max_{\pi \in \Pi} V^{\pi}(s_0) \qquad \text{Gl. 2.6}$$

$$\pi^*(s) = \arg\max_{a \in A} Q^*(s, a) \qquad \text{Gl. 2.7}$$

die optimale Policy. [86]

2.4.2 Lernstrategien

Das Erlernen der optimalen Policy kann mittels unterschiedlicher Algorithmen erreicht werden, die in modellbasiert und modellfrei unterteilt werden können. Modellbasierte Algorithmen verwenden ein explizites Modell der Umwelt, das die Übergangsdynamik zwischen Zuständen sowie die Struktur des Rewards beschreibt, um zukünftige Entwicklungen vorherzusagen und darauf basierend optimale Entscheidungen zu treffen. Im Gegensatz dazu erlernen modellfreie Algorithmen unmittelbar aus der Interaktion des Agent mit der Umwelt, ohne die Verwendung eines solchen Modells. Im Kontext der Fahrermodellierung, in der diese Arbeit RL anwendet, kommen hauptsächlich modellfreie Ansätze zum Einsatz. Daher werden im Folgenden drei verschiedene modellfreie Verfahren näher erläutert.

Q-Learning

Im Q-Learning strebt der Agent an, die optimale Policy zu ermitteln, indem er die Werte der Q-Funktion berechnet, die den erwarteten kumulierten Reward für jede Aktion in jedem Zustand beschreiben. Die Q-Werte werden mithilfe der Bellman-Gleichung [87] iterativ aktualisiert und verbessert, bis sie ein Optimum erreichen. Darüber hinaus ist Q-Learning ein Off-Policy-Algorithmus, der die Fähigkeit besitzt, sowohl auf die Daten der aktuellen Policy als auch auf vergangene Daten zurückzugreifen.

In klassischen Q-Learning-Algorithmen ist die Q-Funktion in Tabellen gespeichert, jedoch ist dies bei großen Zustandsräumen ineffizient. Deep Reinforcement

Learning löst dieses Problem, indem ein neuronales Netzwerk zur Approximation der Q-Funktion eingesetzt wird. In der Folge ist der Agent in der Lage, auch in hochdimensionalen Zustandsräumen effizient zu lernen und die optimale Policy zu bestimmen.

Im Gegensatz zu klassischen On-Policy-Algorithmen, die in der Regel stabil konvergieren, ist Deep Q-Learning deutlich komplexer. Durch die Nutzung vergangener Werte im Lernprozess und die Approximation der Q-Funktion mittels neuronaler Netze ist der Algorithmus hinsichtlich des Konvergenzverhaltens instabiler.

Policy-Optimierung

Die Policy-Optimierung unterscheidet sich vom Q-Learning insbesondere durch die Art der Umgebungen, mit denen die Verfahren interagieren. Während Q-Learning ein diskreter Algorithmus ist, der in Umgebungen mit einer endlich und eindeutig definierten Anzahl an möglichen Aktionen operiert, agiert die Policy-Optimierung in kontinuierlichen Umgebungen und passt dafür die Entscheidungsstrategie direkt an. Ein Beispiel für eine diskrete Umgebung ist das Schachspiel, bei dem jede mögliche Bewegung der Figuren eindeutig festgelegt ist. In kontinuierlichen Umgebungen wie beim autonomen Fahren muss der Agent hingegen kontinuierliche Steuerbefehle wie Pedalstellungen und Lenkwinkel in Echtzeit anpassen.

Der Ansatz der Policy-Optimierung zielt daher darauf ab, die Parameter θ einer stochastischen Policy π_θ zu modifizieren, um in jedem State die optimale Action zu wählen. In der Regel wird dabei der Policy-Gradient-Ansatz angewendet, bei dem die Parameter schrittweise so angepasst werden, dass der erwartete kumulierte Reward maximiert wird. [88]

Actor-Critic

Darüber hinaus existieren Algorithmen, welche sowohl Q-Learning als auch Policy-Optimierung einsetzen. Das sogenannte Actor-Critic-Konzept besteht aus einem Actor (Policy-Optimierung) und einem Critic (Q-Learning), die in Kooperation den Lernprozess des Agent verbessern. Der Actor ist für die Wahl der Aktionen gemäß der von ihm erlernten Policy verantwortlich, mit dem Ziel, eine optimale Policy zu erlernen, die den erwarteten kumulierten Reward maximiert. Der Critic approximiert die State-Action Value Function und evaluiert die vom Actor getroffenen Entscheidungen. Das Ziel des Critic besteht in der Entwicklung einer präzisen Schätzung der State-Action Values, um den Actor bei der Optimierung seiner Policy zu unterstützen. Im Verlauf des Trainings werden daher zwei neuronale Netze simultan optimiert: eines für den Actor und eines für den Critic.

Während des Trainings wählt der Actor in jedem Schritt auf Grundlage seiner Policy eine Action aus und erhält einen entsprechenden Reward. Im Anschluss evaluiert der Critic die Action des Actors anhand seiner erlernten State-Action Value Function. Das daraus resultierende Feedback nutzt der Actor, um seine Policy zu aktualisieren. Gleichzeitig verbessert der Critic seine Approximation der State-Action Value Function durch die Kombination der aufgrund der Action erhaltenen und dem von ihm geschätzten Reward. Die Kombination der beiden Algorithmen führt in der Regel zu einem stabileren Konvergenzverhalten im Vergleich zu beiden zuvor beschriebenen Algorithmen. [86]

Das Actor-Critic-Verfahren findet in einer Vielzahl physikalischer Probleme Anwendung. Zu den konkreten Implementierungen zählen beispielsweise Soft-Actor-Critic (SAC) [89], Proximal Policy Optimization (PPO) [90] und Deep Deterministic Policy Gradient (DDPG) [91].

3 Herleitung einer Methode zum Einsatz eines digitalen Zwillings an Antriebsstrangprüfständen

Der Hauptteil dieser Arbeit ist nach der Methodik zum Forschungsdesign (DRM, engl. *Design Research Methodology*) von Blessing und Chakrabarti aufgebaut [92]. Diese Methodik beschreibt eine strukturierte Vorgehensweise für Forschungsvorhaben in mehreren Schritte. Das Vorgehen für das Forschungsvorhaben dieser Arbeit besteht aus vier Schritten.

Der erste Schritt ist die Klärung der Forschungsfrage (RC, engl. *Research Clarification*). Im Fokus steht dabei die Definition einer Forschungsfrage und der Aufbau eines Modells der aktuellen Situation sowie der gewünschten Situation. Über eine Recherche können sowohl erste Verbindungen zwischen beiden Modellen hergestellt werden, als auch Kriterien zur Bewertung des Ergebnisses des Forschungsvorhabens. Die Definition der Forschungsfrage findet in dieser Arbeit in Abschnitt 3.1 statt. Anschließend werden in Abschnitt 3.2 die aktuelle Situation und mögliche Verbesserungen diskutiert.

Im folgenden Schritt der DRM, der deskriptiven Studie I (DS-I, engl. *Descriptive Study*), werden die aktuelle und gewünschte Situation untersucht. Dieser Teil zielt darauf ab, Erfolgskriterien und messbare Erfolgskriterien zu definieren. Daraufhin können aus dem Modell Einflussfaktoren zur Verbesserung der aktuellen Situation abgeleitet werden. Die Identifikation der messbaren Erfolgskriterien und Einflussfaktoren findet in Abschnitt 3.3 statt.

Im Rahmen der präskriptiven Studie (PS, engl. *Prescriptive Study*) erfolgt die Konzeption einer Methode, die sich an den Einflussfaktoren orientiert. Zudem ist die Berücksichtigung von Evaluationsmöglichkeiten erforderlich. Das Ergebnis dieser Studie ist die in dieser Arbeit vorgestellte Methode zur Virtualisierung von Arbeitsprozessen eines Antriebsstrangprüfstands unter Verwendung eines digitalen Zwillings, welche in Abschnitt 3.4 beschrieben ist.

Die Evaluation der Methode findet in der deskriptiven Studie II (DS-II, engl. *Descriptive Study II*) statt. Dabei wird die Methode zur Anwendung gebracht und anschließend anhand der zuvor definierten Erfolgskriterien bewertet. Auf Basis der

J. Schilling, *Digitaler Zwilling zur Virtualisierung von Arbeitsprozessen am Powertrain-in-the-Loop-Prüfstand*, Wissenschaftliche Reihe Fahrzeugtechnik Universität Stuttgart, https://doi.org/10.1007/978-3-658-51020-6_3

Ergebnisse können iterative Anpassungen vorgenommen werden, um die Methode hinsichtlich ihrer Zielerreichung zu optimieren. Die Übertragbarkeit auf andere Anwendungsfälle wird geprüft, um die allgemeine Anwendbarkeit der Methode zu bewerten. Die detaillierte Durchführung und Auswertung dieses Studienteils sind in Kapitel 5 dargelegt.

3.1 Forschungsfrage

In der wissenschaftlichen Literatur finden sich bereits zahlreiche Diskussionen über Anwendungsfälle von virtuellen Prüfständen zur Optimierung von Erprobungen (vgl. Tabelle 2.2). Diese Quellen zeichnen sich dadurch aus, dass das Ziel der erstellten Simulation nicht die Ersetzung der Erprobung ist, sondern die Optimierung des Erprobungsablaufes und der Messergebnisqualität ist. Da bisherige Untersuchungen in unterschiedlichen Phasen der Erprobung und an verschiedenen Prüfstandstypen erfolgten, fehlt eine systematische Analyse der Arbeitsprozesse an spezifischen Prüfständen sowie die Ableitung des resultierenden Virtualisierungspotenzials. Auf dieser Grundlage lässt sich das Potenzial zur Verkürzung der Testdurchlaufzeiten und zur Optimierung der Messdatenqualität ableiten.

Gleichzeitig erfordert der Einsatz von Simulationen in verschiedenen Phasen der Erprobung einen generischen Ansatz, der nicht auf einen spezifischen Anwendungsfall beschränkt ist. Das Konzept des digitalen Zwillings (vgl. Abschnitt 2.3), das ingenieurwissenschaftliche und informationstechnologische Aspekte integriert, bietet hierfür ein vielversprechendes Potenzial. Im Bereich der Automobilproduktion finden digitale Zwillinge bereits Anwendung, um Produktionssysteme zu optimieren und zu analysieren, ohne dass dabei Hardware benötigt wird oder Ausfallzeiten entstehen [7, 8]. Eine Übertragung dieses Konzeptes auf Prüfstandssysteme findet in der untersuchten Literatur lediglich in [67] für einen Biegeprüfstand ohne realen Anwendungsfall statt.

Aus diesen Forschungslücken lässt sich die folgende Forschungsfrage ableiten:

Forschungsfrage

Kann die Virtualisierung von Arbeitsprozessen an Antriebsstrangprüfständen mithilfe eines digitalen Zwillings dazu beitragen, die Testdurchlaufzeiten zu verkürzen und die Messdatenqualität zu optimieren?

3.2 Arbeitsprozesse der Erprobung am Antriebsstrangprüfstand

Gemäß der DRM folgt nach der Definition der Forschungsfrage eine detaillierte Beschreibung der aktuellen sowie der angestrebten Situation. Zu diesem Zweck wird in diesem Kapitel zunächst eine Matrix der Arbeitsprozesse eines Antriebsstrangprüfstands vorgestellt, welche die Arbeitsprozesse in verschiedene Phasen und Cluster unterteilt (vgl. Abschnitt 3.2.1). Im weiteren Verlauf werden in Abschnitt 3.2.2 grundlegende Annahmen zur Virtualisierung dieser Arbeitsprozesse mittels eines digitalen Zwillings erläutert. Die anschließende Beschreibung der Arbeitsprozesse sowie potenzieller Virtualisierungen erfolgt gegliedert nach Clustern.

3.2.1 Arbeitsprozessmatrix eines Antriebsstrangprüfstands

Die Erprobung eines Antriebsstrangs ist ein Prozess mit vielen verschiedenen Akteuren. Lindner Akkaya analysiert in ihrer Arbeit [93] diesen Prozess und erarbeitet eine Methode zur ganzheitlichen Prüfung des Antriebssystems an einem Antriebsstrangprüfstand. Ein zentraler Bestandteil ist die Ableitung eines Phasenmodells, das den zeitlichen Ablauf der Erprobung in sieben Phasen strukturiert.

Phase 1 - Bedarfsplanung
Erstellung der Anforderungen an die Erprobung durch den Entwicklungsbereich und Sammlung aller Bedarfe durch die Prüfstandsabteilung.

Phase 2 - Terminliche Einplanung
Detaillierung der Planungen durch Festlegung des Zeitrahmens und Zuordnung eines Prüfstands für die Erprobung.

Phase 3 - Prüflaufvorbereitung
Festlegung der Verantwortlichkeiten im interdisziplinären Erprobungsteam, Definition der zeitlichen Meilensteine und Präzisierung der Erprobungsspezifikationen.

Phase 4 - Aufbau
Aufbau sämtlicher Komponenten, die für die Realisierung der Erprobung erforderlich sind, einschließlich Testobjekt (Mechanik, Elektrik, Stoffversorgung), Messtechnik, Simulations- und Vernetzungsmodelle sowie Prüfprogramm.

Phase 5 - Inbetriebnahme
Test, Konfiguration und Freigabe der Prüfaufbauten und Programme für die Erprobung in der Prüfzelle.

Phase 6 - Durchführung
Durchführung, Überwachung und Dokumentation der Erprobung, wobei Verzögerungen, Fehler und Schäden durch eine effiziente Kommunikation vermieden werden sollen.

Phase 7 - Abschluss
Abschluss der Erprobung, Erstellung von Berichten, Abrüstung der Prüfzelle und Demontage oder Weiterverwendung der Testobjekte.

Zusätzlich zur Definition des zeitlichen Ablaufs der Erprobung beschreibt Lindner Akkaya die in den Prozess involvierten Akteure. Wegen des komplexen Ablaufs sind die Akteure häufig auf bestimmte Teile der Erprobung oder des Prüfstandes spezialisiert. [93] Um die verschiedenen Arbeitsprozesse zu strukturieren, werden die Akteure im Folgenden in fünf Cluster unterteilt, die jeweils spezifische Aufgabenbereiche abdecken.

Prüffeldmanagement
Planung der Prüfstandsaufträge und Verwaltung der Prüffeldressourcen

Testobjekt
Aufbau, Wartung und Kontrolle von verbrennungsmotorischen, hybriden und elektrischen Antriebssträngen

Prüfstand
Adaption und Wartung der Hardware- sowie Softwareebene des Antriebsstrangprüfstands

Simulation
Aufbau, Parametrierung und Debugging der Echtzeitsimulation des HIL-Systems und der Restbussimulation

Prüfprogramm
Entwicklung und Überprüfung des Prüfprogramms

Die Phasen und Cluster dienen im Folgenden der Identifikation und Strukturierung der einzelnen Arbeitsprozesse während der Erprobung an einem Antriebsstrangprüfstand. Da die Art der Erprobung an einem solchen Prüfstand variieren kann, wird in der folgenden Analyse der PiL-Betrieb als die häufig komplexeste Erprobungsform betrachtet. Dies ermöglicht es, auch weniger komplexe Erprobungen mit einzubeziehen.

Die nachfolgenden Abschnitte enthalten eine detaillierte Erläuterung der relevanten Teilprozesse, die in Abbildung 3.1 veranschaulicht sind. Die Analyse gründet auf den in Abschnitt 2.1 dargelegten Grundlagen sowie auf den Arbeiten von Lindner Akkaya [93] und Schilling et al. [94] und der aktuellen Situation im Kontext dieser Arbeit.

In Abbildung 3.1 sind horizontal die Phasen der Erprobung aufgetragen, wobei Phasen eins bis drei zur Phase Planung zusammengefasst sind. Die ersten drei Phasen behandeln hauptsächlich die Umsetzung des Zusammenarbeitsmodells, das für die technische Analyse der Erprobung eine untergeordnete Rolle spielt. In der Abbildung sind die Cluster der Akteure vertikal abgebildet und die Teilprozesse durch Balken in die entsprechenden Phasen und Cluster eingeordnet. Dabei stellt die Länge der Balken nicht die Dauer der Teilprozesse dar, sondern den geplanten Zeitraum für die Ausführung der Prozesse.

3.2.2 Virtualisierung der Arbeitsprozesse

Die Virtualisierung beruht auf dem Einsatz eines digitalen Zwillings des Prüfstandes zur Reduktion der Testdurchlaufzeiten sowie der Optimierung der Messdatenqualität, wie in der Forschungsfrage (vgl. Abschnitt 3.1) erörtert.

Dabei stellt jedes Einsatzszenario Anforderungen an den digitalen Zwilling bezüglich der Daten und Modelle zur Virtualisierung eines Arbeitsprozesses. Diese Anforderungen fallen in verschiedene technische Domänen. Im Zusammenhang mit einem Antriebsstrangprüfstand lassen sich mehrere Domänen identifizieren, die jeweils spezifische physikalische und funktionale Aspekte des Systems abdecken. Die mechanische (mech.) Domäne beschreibt die Dynamik und Kraftübertragung im Antriebsstrang, während die elektrische (elek.) Domäne die Energieumwandlung in elektrischen Antrieben sowie die Versorgung elektronischer Komponenten umfasst. Ergänzend dazu charakterisiert die thermodynamische (therm.) Domäne die Wärmeübertragung, die strömungsmechanische (ström.) Domäne die Strömung von Flüssigkeiten und Gasen und die funktionale (funk.) Domäne die Steuerung, Regelung und Überwachung des Gesamtsystems. Die datenbasierte (dat.) Domäne umfasst die Erfassung, Verarbeitung und Analyse von Mess- und Simulationsdaten des Prüfstandes. Die geometrische (geo.) Domäne beschreibt die physische Struktur und Abmessungen der Komponenten sowie deren räumliche Anordnung im System. [95]

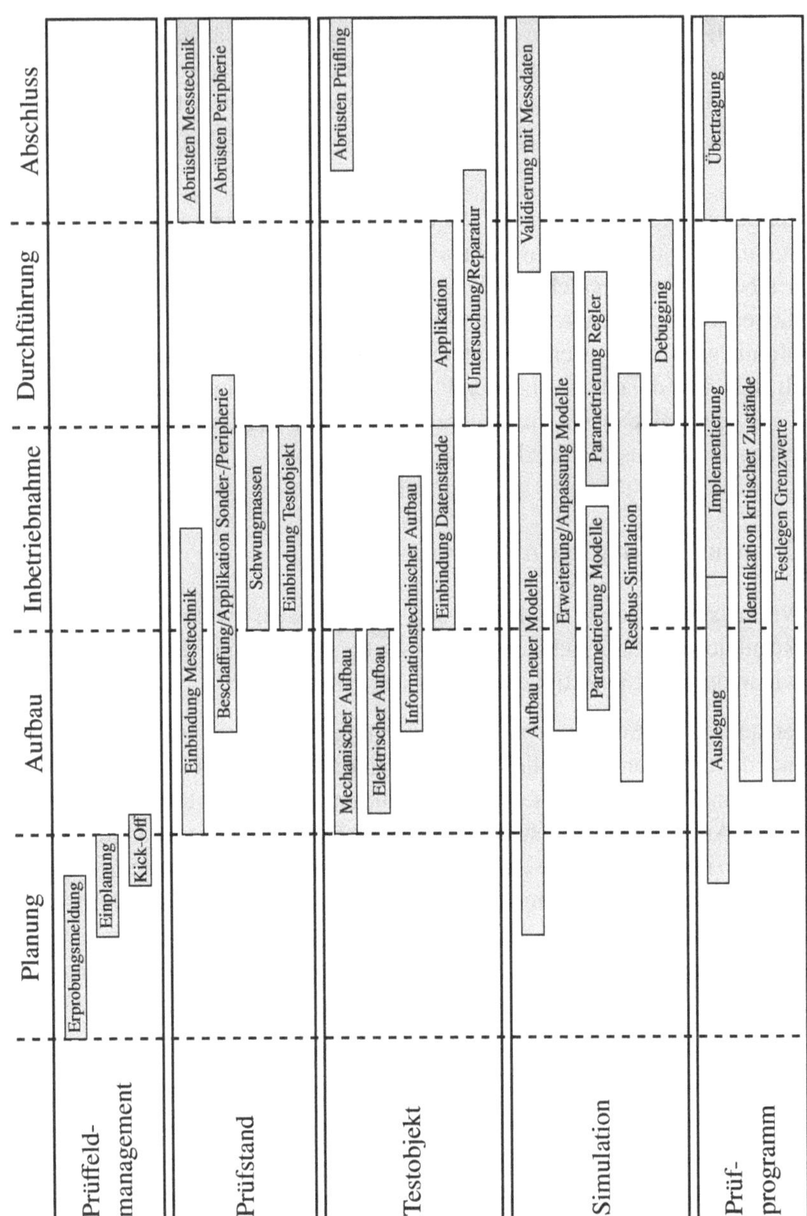

Abbildung 3.1: Darstellung der Arbeitsprozesse einer Erprobung nach [93, 94]

Zusätzlich werden die Potenziale der Virtualisierung von Arbeitsprozessen analysiert, wobei vier zentrale Potentiale identifiziert werden können: Das erste Potenzial ist die Risikoreduzierung. Durch die virtuelle Untersuchung von Arbeitsprozessen können mögliche Fehlerquellen und notwendige Anpassungen bereits im Vorfeld identifiziert werden, wodurch der Mehraufwand während der tatsächlichen Erprobung verringert werden kann. Das zweite Potenzial, die Materialschonung, basiert auf der Reduzierung des physischen Betriebs des Testobjekts außerhalb der Erprobung. Dies minimiert mögliche Einflüsse auf das Erprobungsergebnis. Ein weiteres Potenzial ist der Zeitgewinn. Die virtuelle Modellierung und Simulation von Erprobungsprozessen ermöglichen eine schnellere Vorbereitung und Durchführung von Tests. Dies führt zu einer Einsparung von Zeit im gesamten Erprobungsablauf, da notwendige Anpassungen frühzeitig vorgenommen werden können. Schließlich trägt die Messqualitätsoptimierung durch den Einsatz von virtuellen Modellen und Simulationen dazu bei, die HiL-Erprobung abzustimmen. Dadurch wird die Qualität der erhobenen Daten verbessert, was letztlich zu zuverlässigeren und aussagekräftigeren Ergebnissen führt.

Anschließend identifizieren die folgenden Abschnitte die Einsatzszenarien des digitalen Zwillings für die im vorherigen Abschnitt definierten Cluster und strukturieren sie anhand der Einsatzpotenziale sowie der technischen Domänen.

Prüffeldmanagement

Bereits in der frühen Planungsphase finden sich Einsatzszenarien für einen digitalen Zwilling, welche in Tabelle 3.1 dargestellt sind. Neue Anforderungen, die sich aus Erprobungen ergeben, können zunächst virtuell analysiert werden. Falls diese Anforderungen mit der bestehenden Hardware nicht abgedeckt werden können, dient ein digitaler Zwilling zur Unterstützung der Planung neuer Hardwarekomponenten. Dabei kommen mechanische und elektrische Modelle zum Einsatz, um beispielsweise Radmaschinen oder Inverter virtuell auszulegen. Zusätzlich ermöglichen geometrische Modelle sowohl eine Visualisierung der Komponenten als auch eine detaillierte Bauraumanalyse, um eine optimale Integration in das Gesamtsystem sicherzustellen.

Darüber hinaus kann ein digitaler Zwilling die Zuordnung von Versuchen zu geeigneten Prüfständen validieren. Prüfstände innerhalb eines Prüffeldes weisen aufgrund variierender Prüfziele und Baujahre unterschiedliche Leistungsklassen sowie Mess- und Analysetechniken auf. Eine datenbasierte Zuordnung ermöglicht eine optimale Auslastung des Prüffeldes und minimiert das Risiko eines Prüfstandswechsels aufgrund unzureichender Leistungsfähigkeit des gewählten Prüfstands.

Die Implementierung eines digitalen Zwillings ermöglicht zudem die Bereitstellung einer Schulungsumgebung, in der Mitarbeitende in die komplexe Simulationsumgebung eingearbeitet werden können. Durch den digitalen Zwilling lassen sich verschiedene Einstellungen und Parametrierungen des Prüfstandes testen, ohne dass es zu Stillstandszeiten oder potenziellen Schäden im Prüffeld kommt. Ein vertieftes Verständnis der Simulation kann im weiteren Verlauf der Erprobung die Qualität der Messergebnisse verbessern und die Gesamtdauer der Erprobung reduzieren.

Tabelle 3.1: Einsatzszenarien im Prüffeldmanagement

Einsatzszenario		Einsatzpotenzial	Schwerpunkt Modellierung
PM1	Anforderungsanalyse für neue Erprobungsszenarien	Risikoreduzierung	mech., elek., funk.
PM2	Konzeption neuer Prüfstände/-komponenten	Risikoreduzierung	geo., mech., elek., funk.
PM3	Zuordnung von Prüfständen basierend auf Leistungsanforderungen	Optimierte Ausnutzung des Prüffeldes	dat., geo.
PM4	Weiterbildung und Qualifizierung von Mitarbeitenden	Zeitgewinn, Messqualitätsoptimierung	mech., funk.

Testobjekt

Das Testobjekt selbst steht nicht im Fokus eines digitalen Zwillings des Antriebsstrangprüfstands. Dennoch ermöglicht eine simulationsgestützte Erprobung im Vorfeld eine Abschätzung potenziell kritischer Zustände des Antriebsstrangs. Dadurch können die Prüfstandsbediener bei Erreichen dieser Zustände gezielt auf das Testobjekt achten.

Im Fehlerfall während der Erprobung kann der digitale Zwilling genutzt werden um die Messung des Fehlers zu analysieren und Abweichungen zum Modell des Testobjekts zu identifizieren (vgl. Tabelle 3.2).

Tabelle 3.2: Einsatzszenarien im Testobjekt

Einsatzszenario		Einsatzpotenzial	Schwerpunkt Modellierung
T1	Identifikation kritischer Zustände	Materialschonung, Zeitgewinn	mech., therm., funk., elek.
T2	Analyse von Fehlerfällen	Zeitgewinn	dat.

Prüfstand

Innerhalb des Clusters Prüfstand ergeben sich weitere Einsatzszenarien für den digitalen Zwilling, wie in Tabelle 3.3 dargestellt. Bereits vor dem Aufbau des Testobjekts auf einer Palette in der Rüstwerkstatt kann der digitale Zwilling genutzt werden, um eine Bauraumanalyse des Prüfstands in Kombination mit dem Testobjekt anhand eines geometrischen Modells durchzuführen. Dadurch lassen sich potenzielle Kollisionen oder Platzierungsprobleme frühzeitig identifizieren, sodass Nachbesserungen am Palettenaufbau nach der Einbringung in den Prüfstand vermieden werden können.

In der Aufbauphase besteht die Möglichkeit die Konditioniersysteme des Prüfstandes im digitalen Zwilling an das Testobjekt anzupassen. Sofern die Domäne des Konditioniersystems, bspw. Thermodynamik, in den virtuellen Modellen abgebildet ist, können die Regelkreise der Konditioniersysteme simulativ überprüft und optimiert werden. Dadurch lässt sich sowohl die Dauer der Inbetriebnahme verkürzen als auch die Betriebszeit des Testobjekts vor der eigentlichen Erprobung reduzieren.

An einfachen Prüfständen ohne umfangreiche Automatisierungssysteme kann der digitale Zwilling zur Laufzeit genutzt werden, um den Zustand des Prüfstandes zu überwachen und dessen Betriebsdaten zu analysieren.

Tabelle 3.3: Einsatzszenarien im Prüfstand

Einsatzszenario		Einsatzpotenzial	Schwerpunkt Modellierung
PS1	Bauraumanalyse Palettenaufbau	Risikoreduzierung	geo.
PS2	Konfiguration Konditioniersysteme	Zeitgewinn	hydr., therm., mech., elek.
PS3	Applikation von testobjektspezifischen Filtern und Reglern	Zeitgewinn, Materialschonung	mech., funk.
PS4	Zustandsüberwachung	Materialschonung	dat.

Simulation

Innerhalb des Clusters Simulation besteht ein hohes Potential zur Nutzung eines digitalen Zwillings. Die Einsatzszenarien dieses Clusters sind in Tabelle 3.4 beschrieben. Losgelöst von den Arbeitsprozessen einer Erprobung am Antriebsstrangprüfstand kann der digitale Zwilling genutzt werden, um die Modellumgebung weiterzuentwickeln. Durch die Abbildung des Prüfstandes können die Modelle während der Erstellung schon im kompletten Systemverbund entwickelt und getestet werden. Das ermöglicht eine schnellere Einbindung der Modelle am Prüfstand und ermöglicht die Verlagerung weiterer Tests aus der Fahrzeugerprobung auf den Prüfstand.

Des Weiteren besteht die Möglichkeit, den digitalen Zwilling zur Validierung der Echtzeitfähigkeit neuer Modelle einzusetzen. Auf diese Weise lässt sich sicherstellen, dass ausschließlich Modelle mit ausreichender Rechenzeiteffizienz in das Automatisierungssystem des Prüfstands integriert werden. Dies gewährleistet, dass die maximal zulässige Latenz nicht überschritten wird und die Echtzeitfähigkeit des Gesamtsystems sichergestellt bleibt.

Nach der Implementierung und dem Einsatz neuer Modelle am Prüfstand können diese nach Abschluss der Erprobung anhand der erfassten Messdaten validiert werden. Zudem lässt sich ein Vergleich zwischen den Messdaten des realen Fahrzeugs und denen des Prüfstands durchführen. Dieser Validierungsprozess gewährleistet die Realitätsnähe der Modellbildung und ermöglicht gegebenenfalls eine Anpassung der Modellparameter zur Optimierung der Simulationsgenauigkeit.

Der digitale Zwilling erleichtert außerdem die Anwendung von datenbasierten Verfahren zur Modellierung. Während klassische Regelungssysteme schon weitreichend untersucht und in Systeme eingebunden werden, ist für den Einsatz von datenbasierten Verfahren mit künstlicher Intelligenz eine weitreichendere Absicherung vor dem Einsatz notwendig. Zudem ist eine gute Datenlage oder Modellierung für die Qualität der Verfahren unumgänglich. Beiden Herausforderungen wirkt der digitale Zwilling durch die Identifikation von relevanten Daten und Modellen sowie die Möglichkeit zu umfangreichen hardwarefreien Test entgegen.

Die Überprüfung der Parametrierung erfolgt im Ablaufplan während der Inbetriebnahmephase, da zu diesem Zeitpunkt das Zusammenspiel von Echtzeitsimulation und Testobjekt untersucht werden kann. Mit einem digitalen Zwilling des Antriebsstrangprüfstands besteht jedoch die Möglichkeit, dieses Zusammenspiel bereits in der Aufbauphase zu analysieren. Dieser Ansatz kann auch auf Regler angewendet werden, deren Strecke das Testobjekt einbezieht. In Analogie zur Analyse der Echtzeitsimulation besteht ebenfalls die Möglichkeit, die Restbus-Simulation im digitalen Zwilling bereits vor der Inbetriebnahmephase zu evaluieren. Hierfür ist neben der mechanischen Simulation ein funktionales Abbild des Antriebsstrangs erforderlich, das in Form einer virtuellen Steuergerätearchitektur dargestellt wird. Neben der Abbildung der virtuellen Steuergeräte und deren Vernetzung ist zudem die Integration eines aktuellen Softwarestandards erforderlich, um die Restbus-Simulation vor der Inbetriebnahme mit dem realen Testobjekt zu testen.

Die Einbindung der Echtzeitsimulation in die Automatisierungsebene des Prüfstands erfolgt in der Regel über Schnittstellen zu bereits kompilierten Modellen. Dies erschwert das Debugging der Simulation im Vergleich zu Entwicklungsumgebungen, die speziell für die Modellierung ausgelegt sind. Da der digitale Zwilling jedoch keine Echtzeitanforderungen erfüllen muss, kann der Modellverbund auch in der Entwicklungsumgebung untersucht werden. Diese Vorgehensweise eignet sich besonders zur Analyse von Fehlerfällen während des Betriebs. Anhand von Messergebnissen kann der Fehlerfall virtuell simuliert und mögliche Lösungsansätze untersucht werden, ohne dass zusätzliche Hardware eingesetzt werden muss.

Tabelle 3.4: Einsatzszenarien in der Simulation

Einsatzszenario		Einsatzpotenzial	Schwerpunkt Modellierung
S1	Weiterentwicklung der Modelle im gesamten Systemverbund	Messqualitäts-optimierung	mech., funk.
S2	Test der Echtzeitfähigkeit	Risikoreduzierung	mech., funk.
S3	Trainings- und Testprozesse für datenbasierte Modelle	Messqualitäts-optimierung	dat., mech., funk.
S4	Validierung des Systemverbunds mittels Messdaten	Messqualitäts-optimierung	mech., funk.
S5	Datenzugänglichkeit und -bereitstellung	Zeitgewinn	dat.
S6	Überprüfung der Restbus-Kommunikation durch virtuelle Steuergeräte	Zeitgewinn	dat., funk.
S7	Verifizierung der Parametrierung vor der Erprobung	Zeitgewinn	mech., funk.
S8	Reglerapplikation unter Berücksichtigung der Dynamik des Testobjekts	Zeitgewinn, Materialschonung	mech., funk.
S9	Analyse und Behebung von Fehlerfällen	Zeitgewinn	mech., funk.

Prüfprogramm

Mithilfe eines digitalen Zwillings kann ein Prüfprogramm bereits in einer frühen Phase der Erprobung spezifisch auf den Anwendungsfall zugeschnitten entwickelt werden. Dabei berücksichtigen die Prüfprogramme direkt die Einflüsse und Grenzen des Antriebsstrangprüfstands. Dieses Vorgehen reduziert den Anpassungsaufwand während der Erprobung und steigert die Qualität der Messdaten.

Tabelle 3.5: Einsatzszenarien im Prüfprogramm

Einsatzszenario		Einsatzpotenzial	Schwerpunkt Modellierung
PP1	Design und Implementierung neuer Prüfprogramme	Messqualitäts-optimierung	mech., therm., elek., funk.
PP2	Digitale Erprobung neuer Prüfprogramme	Zeitgewinn	mech., therm., elek., funk.
PP3	Identifikation von kritischen Zuständen	Materialschonung	mech., therm., elek., funk.
PP4	Replikation des Prüfprogramms für unterschiedliche Testobjekte	Risikoreduzierung, Zeitgewinn	mech., therm., elek., funk.

Der digitale Zwilling verlagert das Testen neuer oder angepasster Prüfprogramme, ähnlich wie bei der Parametrierung der Simulation, von der Inbetriebnahmephase in die Aufbauphase. Dadurch lassen sich potenzielle Fehlerquellen frühzeitig identifizieren und vermeiden.

Durch die Analyse des Prüfprogramms können kritische Zustände des Testobjekts identifiziert werden. Auf Grundlage dieser Erkenntnisse besteht die Möglichkeit, das Prüfprogramm entsprechend anzupassen oder die gewonnenen Informationen dem Prüfstandbediener zur Verfügung zu stellen. Dieser kann in den identifizierten Szenarien die Überwachung intensivieren und frühzeitig auf potenzielle Schäden reagieren, wodurch eine proaktive Fehlervermeidung und eine Verbesserung der Sicherheit der Erprobung ermöglicht werden.

Im Anschluss an die Erprobung werden das Prüfprogramm und die Messergebnisse evaluiert. Mittels des digitalen Zwillings ist es möglich das Prüfprogramm auf den nachfolgenden Fahrzeugprojekten zu testen und Adaptionen für deren Erprobung vorzunehmen.

3.3 Konzeption und Abgrenzung der Methode

Angesichts der Vielzahl an Einsatzszenarien eines digitalen Zwillings in unterschiedlichen Modellierungsdomänen und Erprobungsphasen (vgl. Abschnitt 3.2) wird im Rahmen dieser Arbeit die Anzahl der betrachteten Szenarien gezielt reduziert, um eine evaluierbare Methode zu entwickeln. Anschließend erfolgt in diesem Kapitel die DS-I, in der aus den allgemeinen Erfolgskriterien der Methode messbare Erfolgskriterien abgeleitet werden. Durch die systematische Analyse der aktuellen und angestrebten Situation in der RC lassen sich im weiteren Verlauf die entscheidenden Einflussfaktoren für eine erfolgreiche Konzeption der Methode identifizieren.

3.3.1 Eingrenzung der Methode auf mechanische Simulationen

Im Folgenden werden mithilfe der Einsatzpotenziale und Modellierungsdomänen die Anzahl der in dieser Arbeit untersuchten Einsatzszenarien reduziert, indem Szenarien ausgewählt werden, die eine hohe Effizienzsteigerung versprechen. Die Effizienz ist das Verhältnis zwischen den eingesetzten Mitteln und dem erreichten Erfolg [96]. In diesem Forschungskontext sind die eingesetzten Mittel durch die Modellierungskomplexität und der erzielte Erfolg durch das Einsatzpotential spezifiziert.

Aus den vier Einsatzpotentialen Materialschonung, Messqualitätsoptimierung, Risikoreduzierung sowie Zeitgewinn stehen die Messqualitätsoptimierung und der Zeitgewinn in direktem Zusammenhang mit der Forschungsfrage. Zudem sind diese Einsatzpotentiale mit einem geringen Aufwand quantifizierbar. Im Gegensatz dazu ist das Potenzial zur Risikoreduzierung nur dann hoch, wenn auch das Risiko der Erprobung entsprechend hoch ist. Die Gefährdung des Testobjekts wird bereits durch die Sicherheitssysteme des Prüfstands (vgl. Abschnitt 2.1) minimiert, während das Risiko von Verzögerungen im Prüfablauf durch etablierte Erprobungsprozesse reduziert wird. Ebenso lässt sich das Potenzial zur Materialschonung nur durch eine gezielte Untersuchung der Testobjekte quantifizieren. Daher basiert die Konzeption der Methode im Folgenden auf den Einsatzpotenzialen Messqualitätsoptimierung und Zeitersparnis.

Die zweite Einflussgröße auf die Effizienzsteigerung durch die verschiedenen Einsatzszenarien ist die Modellierungskomplexität, die insbesondere von zwei Faktoren beeinflusst wird. Erstens kann die Kopplung verschiedener Modellierungsdomänen durch Co-Simulation die Komplexität stark erhöhen. Zweitens beeinflusst die Anzahl der benötigten Modellparameter den Aufwand, da ihre Beschaffung und Validierung oft eine Herausforderung darstellen.

Daher liegt der Fokus der folgenden Methode auf ausgewählten Einsatzszenarien in den Clustern Simulation und Prüfprogramm sowie auf der Modellierung des mechanischen Systems des Prüfstandes. Das Einsatzpotential Messqualitätsoptimierung wird anhand der Einsatzszenarien *(S1) Weiterentwicklung der Modelle im gesamten Systemverbund*, *(S4) Validierung des Systemverbunds mittels Messdaten* und *(PP1) Design und Implementierung neuer Prüfprogramme* untersucht. Das Ziel ist die Implementierung neuer Modelle, die den Transfer von Straßenerprobungen auf den Prüfstand verbessern. Des Weiteren stellt der Zeitgewinn bei der Inbetriebnahme und Durchführung ein zentrales Einsatzpotenzial zur Steigerung der Effizienz der Erprobung dar. Die Einsatzszenarien, die dieses Ziel unterstützen, umfassen: *(S5) Datenzugänglichkeit und -bereitstellung*, *(S7) Verifizierung der Parametrierung vor der Erprobung*, *(S8) Reglerapplikation unter Berücksichtigung der Dynamik des Testobjekts*, *(PP2) Digitale Erprobung neuer Prüfprogramme* sowie *(S9) Analyse und Behebung von Fehlerfällen*.

Auch das Einsatzszenario *(S6) Überprüfung der Restbus-Kommunikation durch virtuelle Steuergeräte* verspricht einen Zeitgewinn in den zuvor genannten Phasen. In diesem Fall ist eine aktuelle und detaillierte Modellierung der funktionalen Ebene des Testobjekts durch virtuelle Steuergeräte mit den neuesten Softwareständen erforderlich. Der Aufwand für die Bereitstellung der Simulation und die Beschaffung der Softwarestände steht jedoch im Rahmen dieser Arbeit nicht im Verhältnis zum erreichbaren Zeit- und Qualitätsgewinn.

3.3.2 Erfolgskriterien

Die allgemeinen Erfolgskriterien zur Bewertung der Methode lassen sich direkt aus den zuvor identifizierten Einsatzpotenzialen des Szenarios ableiten. Somit hängt der Erfolg der Methode entscheidend davon ab, ob der Einsatz des digitalen Zwillings einen Zeitgewinn sowie eine Messqualitätsoptimierung erzielen. Eine fundierte Bewertung setzt voraus, dass diese Kriterien in quantifizierbare und messbare Parameter überführt werden. Im Folgenden werden die entsprechenden messbaren Erfolgskriterien auf Basis der identifizierten Einsatzpotenziale abgeleitet.

Aus der Literaturrecherche in Abschnitt 2.3 zu digitalen Zwillingen von Prüfständen können dabei Einflüsse einzelner Einsatzszenarien auf die Einsatzpotentiale Zeitgewinn und Messqualitätssteigerung nachgewiesen werden. Bauer et al. und Röper bescheinigen einen Zeitgewinn durch das Testen des Prüfprogramms und der Simulation vor der Erprobung [12, 72]. Der Einfluss der virtuellen Entwicklung der Echtzeitsimulation auf die Qualität der Messergebnisse ist in den Arbeiten [69, 80] von Albers und Schyr und Pillas beschrieben. Ebenso stellen Meyer und Grillitsch und Jaensch et al. in [97, 98] Untersuchungen zur Vorinbetriebnahme von Produktionssystemen im Automobilkontext vor und weisen einen Zeitgewinn durch den Einsatz von digitalen Zwillingen nach.

Aus den Recherchen lässt sich ableiten, dass eine erfolgreiche Umsetzung der Einsatzszenarien zur Realisierung der identifizierten Einsatzpotenziale führt und somit die Erfolgskriterien der Methode erfüllt. In der Folge werden daher nicht die Erfolgskriterien selbst messbar gemacht, sondern messbare Erfolgskriterien für die erfolgreiche Umsetzung der Einsatzszenarien definiert.

Die erfolgreiche Umsetzung der Einsatzszenarien hängt dabei von der Modellierungsqualität der virtuellen Modelle des digitalen Zwillings und von der Übertragbarkeit der Informationen vom digitalen Zwilling auf das cyberphysische System ab.

Modellierungsqualität

Zu Beginn des Modellierungsprozesses sind die Modellgrenzen des Einsatzzwecks zu definieren, innerhalb derer alle Teilsysteme mit ausreichender Genauigkeit abgebildet sein müssen. Die erforderliche Qualität der Teilmodelle und des Gesamtmodells ist dabei von dem angestrebten Einsatzszenario abhängig. [99] Im

Folgenden werden die messbaren Erfolgskriterien aufgeführt, die im Verlauf dieser Arbeit Anwendung finden.

Für die virtuelle Applikation eines Reglers ist die Abbildung der Latenz und des Jitters von wesentlicher Bedeutung [100]. Die Erfassung und Darstellung von Latenz und Jitter müssen mindestens mit der zeitlichen Auflösung der Abtastrate erfolgen. Bei einer Abtastrate von 100 Hz ergibt sich eine maximale Zeitauflösung von 10 ms.

Die Bewertung der Qualität einzelner Prozessgrößen ist vom Erprobungsziel abhängig. So ist beispielsweise die präzise Reproduktion des Schwimmwinkels für die Untersuchung von Drifts von entscheidender Bedeutung. Zur Quantifizierung des Fehlers wird in dieser Arbeit das Bestimmtheitsmaß R^2 (engl. *Coefficient of Determination*) genutzt. Dieses Fehlermaß gibt an, wie gut ein Modell die Varianz in den Daten erklärt. Gleichung 3.1 berechnet R^2 unter Verwendung der Messwerte des Prüfstands ξ_i, des Mittelwerts der Messdaten $\bar{\xi}$ und der simulierten Werte $\hat{\xi}_i$. [101]

$$R^2 = 1 - \frac{\sum_{i=1}^{n}(\xi_i - \hat{\xi}_i)^2}{\sum_{i=1}^{n}(\xi_i - \bar{\xi})^2} \qquad \text{Gl. 3.1}$$

Zusätzlich wird der Fehlerwert in Tabelle 3.6 eingeordnet. Die Tabelle basiert auf vergleichbaren Forschungen [102–105] sowie den Anwendungen in dieser Arbeit und bietet eine Orientierung zur Bewertung der Messgüte. Sie ist nicht allgemeingültig, dient jedoch als Anhaltspunkt für die im Folgenden vorgestellte Methode. Ein R^2-Wert von über 95 % bildet die Prüstandsmessung detailliert nach. Werte über 90 % gelten für die meisten Anwendungsfälle als ausreichend, während Werte zwischen 75 % und 90 % die Messwerte zwar grundsätzlich wiedergeben, jedoch keine präzisen Rückschlüsse auf reale Erprobungen zulassen.

Besonders bei trägen Größen oder Regelgrößen, wie beispielsweise der Geschwindigkeit, wird häufig ein R^2-Wert von über 98 % erzielt. Daher wird in dieser Arbeit zusätzlich der mittlere absolute Fehler MAE (engl. *Mean Absoult Error*) als weiteres Fehlermaß herangezogen. Gleichung 3.2 berechnet den MAE unter Verwendung der tatsächlichen Messwerte des Prüfstandes ξ_i, der simulierten Werte $\hat{\xi}_i$ und der Anzahl an Datenpunkten n. Der MAE zeichnet sich durch seine Robustheit gegenüber Ausreißern aus und gewichtet die Fehler gleichmäßig, wodurch Verzerrungen durch große Abweichungen vermieden werden. [106]

$$MAE = \frac{1}{n}\sum_{i=1}^{n}|\xi_i - \hat{\xi}_i| \qquad \text{Gl. 3.2}$$

Tabelle 3.6: Klassifizierung der R^2-Werte

R^2-Wert	Bewertung	Interpretation
$R^2 > 95\,\%$	Sehr gute Übereinstimmung	Detaillierte Nachbildung der Prüstandsmessung
$90\,\% < R^2 \leq 95\,\%$	Gute Übereinstimmung	Für die meisten Anwendungsfälle ausreichend
$75\,\% < R^2 \leq 90\,\%$	Eingeschränkte Übereinstimmung	Messwerte werden abgebildet, aber keine detaillierten Rückschlüsse möglich
$R^2 \leq 75\,\%$	Schwache Übereinstimmung	Keine zuverlässige Nachbildung der Prüstandsmessung

Die Darstellung der Daten erfolgt entweder als Funktion der Prozessgröße in Abhängigkeit von der Distanz (vgl. [42], z.B. Abbildung 5.13) oder als Bland-Altmann-Diagramm (vgl. [107], z.B. Abbildung 5.4). Im Kontext der Prüfstandssimulation wird in diesem Diagramm jeder Punkt durch das Koordinatenpaar

$$P_i(x, y) = \left(\frac{\xi_i + \hat{\xi}_i}{2}, \xi_i - \hat{\xi}_i \right) \qquad \text{Gl. 3.3}$$

dargestellt. Diese Darstellungsweise ermöglicht eine visuelle Analyse der Beziehung zwischen der simulierten und gemessenen Größe, wobei insbesondere systematische Abweichungen identifiziert werden können. Zur besseren Orientierung sind in der Abbildung der Mittelwert sowie das 10. und 90. Perzentil der Daten angegeben.

Zusätzlich wird eine Trendlinie eingefügt, die mittels der LOWESS-Methode (Locally Weighted Scatterplot Smoothing) [108] geschätzt wird. Diese Methode dient dazu, langfristige Trends in den Daten sichtbar zu machen. Es ist jedoch zu beachten, dass die Aussagekraft der Trendlinie insbesondere im Randbereich der Daten eingeschränkt ist.

Übertrag- und Bedienbarkeit

Die Übertragbarkeit des digitalen Zwillings hängt einerseits von der Übertragbarkeit der Parameter des Simulationsmodells und andererseits von der Übertragbarkeit der Modelle selbst ab. Zur Bestimmung der Effizienz der Parameterübertragung kann der Effizienzparameter E_{par} berechnet werden. Gleichung 3.4 beschreibt die Berechnung von E_{par} unter Berücksichtigung der Anzahl der Parameter n und der Gesamtanzahl der Arbeitsschritte s zur Übertragung der Parameter. Niedrige Werte von E_{par} deuten auf eine geringe Effizienz hin, während Werte nahe eins eine hohe Effizienz anzeigen. Bei einem Verhältnis von $n = s$ ergibt sich ein Wert von $E_{par} = \frac{1}{2}$, was einem Schritt pro Parameter entspricht. Eine höhere Anzahl an Schritten pro Parameter führt zu einem Wert von E_{par} näher eins, während eine geringere Anzahl an Schritten den Wert von E_{par} näher zu null verschiebt.

$$E_{par} = \frac{s}{n + s} \qquad \text{Gl. 3.4}$$

Die Festlegung eines messbaren Erfolgskriteriums für die Bedienbarkeit der Simulation stellt eine Herausforderung dar. Da die Bedienbarkeit in hohem Maße vom jeweiligen Benutzer abhängt und es keinen generischen Nutzer gibt, ist es nicht möglich, eine allgemein gültige Kennzahl zur Bedienbarkeit abzuleiten. [109]

3.3.3 Einflussfaktoren

Im Anschluss an die Definition der messbaren Erfolgskriterien erfolgt in der DRM die Identifikation relevanter Einflussfaktoren auf diese Kriterien. Diese Einflussfaktoren können in der Konzeption der Methode gezielt adressiert werden, um deren Erfolg zu steigern. In Anlehnung an den vorherigen Abschnitt erfolgt die Gliederung dieses Abschnitts in Einflussfaktoren auf die Modellierungsqualität und auf die Übertragbarkeit der Informationen vom digitalen Zwilling auf das cyberphysische System.

Modellierungsqualität

Die Ziele der Erprobung unterscheiden sich häufig, was zu variierenden Prozessgrößen bei der Bewertung der Erfolgskriterien führt. Dennoch sind die Einflussfaktoren auf die Modellierungsqualität für die in der Abgrenzung der Methode genannten Einsatzszenarien in der Regel identisch. Diese Einflussfaktoren sind die Elemente des Prüfstandes, die innerhalb der Wirkkette zur Erreichung des Erprobungsziels sind. Bei Erprobungen im PiL-Betrieb umfassen diese Elemente die Prozess-, Verbindungs- und Automatisierungsebene des Prüfstandes sowie das Testobjekt (Antriebsstrang).

Prozess- und Verbindungsebene Innerhalb der Prozess- und Verbindungsebene sind die Aktoren und die Datenübertragung verortet. Die Modellierung dieser Komponente besteht in der Mehrkörpersimulation aus der Abbildung der Trägheit der Radmaschinen, der Dynamik der Radmaschinen und der Latenzen des Systems. Diese Phänomene üben einen erheblichen Einfluss auf die Stabilität und Leistungsfähigkeit der Regelungssysteme des Prüfstandes aus.

Automatisierungsebene Ein weiterer Einflussfaktor auf die Qualität der Modellierung ist die Abbildung der Automatisierungsebene, wie in Abschnitt 2.1.3 beschrieben. In diesem Kontext werden die Teilmodelle der Echtzeitsimulation sowie die Interpretation des Prüfprogramms in die Wirkkette der Erprobung integriert. Idealerweise kann auf den Source-Code der Prüfstandsprogrammierung zurückgegriffen werden. Falls dies nicht möglich ist, müssen die entsprechenden Funktionen alternativ nachgebildet werden.

Testobjekt Im Rahmen der Erprobung dient die Fahrpedalstellung bzw. ein Soll-Moment als Eingangsgröße des Antriebsstrangs. Dieser wandelt das Signal in ein oder mehrere Drehmomente um, die an die Radmaschinen ausgegeben werden. Die dabei entstehende Wechselwirkung zwischen Eingang und Ausgang des Antriebsstrangs bildet eine Wirkkette, deren präzise Modellierung für eine realitätsnahe Simulation unerlässlich ist.

Der Aufbau der Modelle variiert und ist maßgeblich vom spezifischen Erprobungsziel abhängig. Ein wesentlicher Faktor ist dabei die Topologie des Antriebsstrangs (Verbrennungsmotor, Elektrisch oder Hybrid). So hat in der Untersuchung des Zweimassenschwungrades eines verbrennungsmotorischen Antriebsstrangs das Massenungleichgewicht des Verbrennungsmotors einen signifikanten Einfluss, während in der Modellierung zur Untersuchung von Rundenzeiten dieser Einfluss vernachlässigt werden kann. In Abhängigkeit der Topologie und des Erprobungsziel müssen daher die Komponenten des Antriebsstrangs in verschiedenen Detailgraden modelliert werden. [70]

In hochgradig vernetzten und intelligenten Antriebssträngen spielen insbesondere bei der Untersuchung hochdynamischer Manöver, wie etwa Drift oder Nassüberfahrten, die Regelsysteme sowie die Bauteilschutzfunktionen eine entscheidende Rolle. Die Modellierung dieser Systeme stellt jedoch häufig aufgrund begrenzter Datenverfügbarkeit eine Herausforderung dar. [110]

Übertrag- und Bedienbarkeit

Die Übertragbarkeit bewertet den Informations- und Datenfluss zwischen dem digitalen Zwilling und dem CPS, wobei Modelle, Parameter, Prüfprogramme und Messdaten ausgetauscht werden. Ein wesentlicher Einflussfaktor auf die Übertragbarkeit dieser Elemente ist die Integration des digitalen Zwillings in die bestehende Dateninfrastruktur des Prüffeldes.

Trotz des Fehlens allgemein gültiger Anforderungen an die Benutzerfreundlichkeit können aus dem allgemeinen Vorgehen bei Simulationsstudien notwendige Interaktionen mit der Simulation abgeleitet werden. Dazu gehören insbesondere die Visualisierung der Daten sowie die Anpassung von Parametern. [99] Angesichts der unterschiedlichen Einsatzszenarien des digitalen Zwillings ist eine benutzerfreundliche Konfiguration der Modelle nach dem physischen Abbild von zentraler Bedeutung.

3.4 Methode zur Virtualisierung von Arbeitsprozessen eines Antriebsstrangprüfstands unter Verwendung eines digitalen Zwillings

Im folgenden Abschnitt wird die PS-I der DRM beschrieben. Die in dieser Arbeit entwickelte Methode basiert auf einem Prozess, der in fünf Schritte unterteilt ist, wobei vier dieser Schritte iterativ durchlaufen werden. Die Kreislaufdarstellung in Abbildung 3.2 veranschaulicht diesen Prozess.

Zur Anwendung der Methode wird zunächst ein initialer digitaler Zwilling erstellt, der unabhängig von spezifischen Erprobungsszenarien oder Einsatzkontexten konzipiert ist und als Ausgangsbasis für alle Einsätze dient. Anschließend beginnt der iterative Prozess mit einer Anwendungsanalyse, in der auf Basis des Erprobungsziels und des jeweiligen Einsatzszenarios Anforderungen an den operativen digitalen Zwilling formuliert werden. Diese Anforderungen werden im nächsten Schritt durch eine gezielte Konfiguration des operativen digitalen Zwillings auf Grundlage des initialen digitalen Zwillings umgesetzt. Daraufhin führt der konfigurierte operative digitale Zwilling das Einsatzszenario im spezifischen Erprobungskontext aus.

Nach Abschluss der Erprobung können die gewonnenen Erkenntnisse in den initialen digitalen Zwilling zurückgeführt werden, um dessen Modellierung fortlaufend zu optimieren. Während stets nur ein initialer digitaler Zwilling existiert, können gleichzeitig mehrere operative digitale Zwillinge parallel eingesetzt werden.

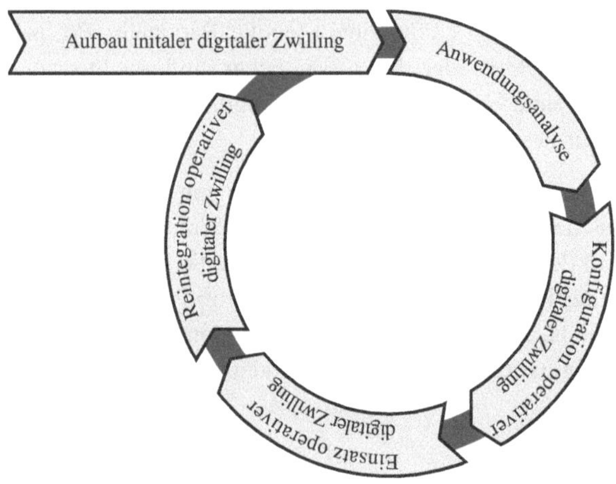

Abbildung 3.2: Schematische Darstellung des Vorgehensmodells in fünf Phasen

3.4.1 Aufbau eines initialen digitalen Zwillings

Aufgrund der hohen Variabilität der Erprobungsziele und Einsatzszenarien ergeben sich eine Vielzahl unterschiedlicher Konfigurationen von Modellen und Teilmodellen. Um eine nachhaltige und benutzerfreundliche Nutzung des digitalen Zwillings zu gewährleisten, ist es daher entscheidend, die Struktur des digitalen Zwillings in einem initialen Modell zu verankern. Dies bildet die Grundlage für jeden operativen digitalen Zwilling, wodurch eine langfristige Nutzbarkeit und eine effiziente Bedienbarkeit sichergestellt werden.

Der Aufbau des initialen digitalen Zwillings orientiert sich dafür an der allgemeinen Struktur eines digitalen Zwillings (vgl. Abbildung 2.9). Das physische Gegenstück des digitalen Zwillings sollte eine generischer PiL-Prüfstand des Prüffeldes sein, wobei der Fokus auf der funktionalen Struktur liegt. Zusätzlich umfasst der initiale digitale Zwilling eine Sammlung von Modulen und Funktionen zur Verwaltung von Komponenten. Abbildung 3.3 stellt die Module exemplarisch dar. Eine Bibliothek der virtuellen Modelle verwaltet die Teilmodelle, welche in ihrer Gesamtheit das physische Gegenstück repräsentieren. Ein Teil der späteren Instanziierung von operativen digitalen Zwillingen besteht in der Auswahl oder Generierung geeigneter Teilmodelle aus der Bibliothek. Ein Schattengenerator ermöglicht die Erzeugung digitaler Schatten durch die Anbindung an die Datenspeicher des physischen Gegenstücks. Darüber hinaus werden die Dienste des digitalen Zwillings innerhalb der Systemstruktur verwaltet. Dieser Ansatz erlaubt eine kontinuierliche Erweiterung der Funktionen und Modelle des digitalen Zwillings, ohne die Instanzen des digitalen Zwillings zu generalisieren.

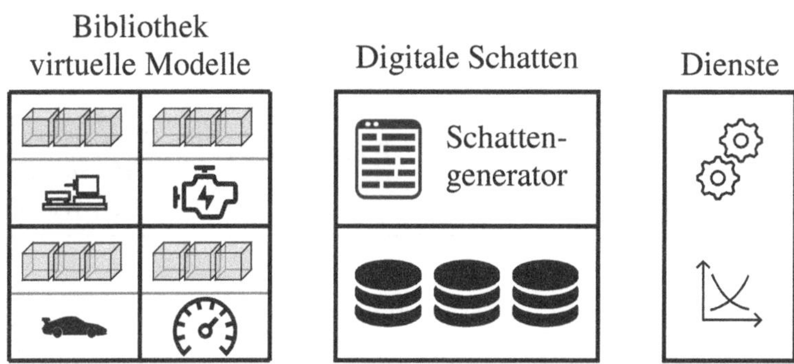

Abbildung 3.3: Komponenten des digitalen Zwillings für einen PiL-Prüfstand

In Tabelle 3.7 sind die notwendigen Bestandteile des initialen digitalen Zwillings dargestellt. Horizontal sind drei Elemente der Struktur des digitalen Zwillings (virtuelle Modelle, digitale Schatten und Dienste) angeordnet, während vertikal die Ebenen des Antriebsstrangprüfstands abgebildet sind. Die Tabelle enthält die Komponenten, welche in Abschnitt 3.3.3 als Einflussfaktoren auf eine erfolgreiche Umsetzung der Methode identifiziert wurden.

Virtuelle Modelle

Die virtuellen Modelle stellen eine Replikation des CPS dar. Dabei ist ein modularer Modellaufbau entscheidend für digitale Zwillinge, um das CPS effizient zu simulieren und zu steuern. Durch die Unterteilung in Subsysteme lassen sich Simulationsmodelle flexibler anpassen und wiederverwenden, wodurch der Aufwand für die Modellerstellung sinkt. Modulare Strukturen ermöglichen zudem eine einfache Anpassung und Erweiterung, da einzelne Module unabhängig voneinander modifiziert

Tabelle 3.7: Identifizierte Bestandteile des initialen digitalen Zwillings

	Virtuelle Modelle	Digitale Schatten	Dienste
Testobjekt	Antriebsstrangmo-dell	Modellparameter	
Prozessebene	Radmaschinen	Modellparameter	
Verbindungs-ebene	Schnittstellen		
Automatisie-rungsebene	Regelung Simulation Versuchsablauf	Prozessgrößen	
Serviceebene		Prüfprogramm Messdaten	Visualisierung Parametereditor Versionsverwaltung

oder ersetzt werden können. Dies steigert die Anpassungsfähigkeit des digitalen Zwillings und erlaubt eine schnellere Reaktion auf neue Anforderungen. [111–113]

Im nächsten Schritt werden anhand von Tabelle 3.7 die zu modellierenden Komponenten für den initialen digitalen Zwilling identifiziert. Das Testobjekt wird dabei durch ein Antriebsstrangmodell repräsentiert, wobei sich für die erste Entwicklungsstufe die Nutzung eines generischen Modells anbietet. Dieses Modell dient als Grundlage für eine modulare Erweiterung, sodass spezialisierte Modelle für spezifische Anwendungsfälle darauf aufbauen können.

Auf der Prozessebene befinden sich die mechanischen Belastungseinheiten, die als Verbindungselemente zwischen Simulation und Testobjekt eine zentrale Rolle in der mechanischen Simulation spielen. Daher müssen sie im initialen digitalen Zwilling abgebildet werden. Zudem simulieren diese Radmaschinen die Massenträgheit der Reifen, ein essenzieller Aspekt für die realistische Nachbildung des Fahrzeugverhaltens.

Die Verbindungsebene beschreibt die Kommunikation zwischen der Prozess- und Automatisierungsebene sowie dem Testobjekt. Beim Aufbau des initialen digitalen Zwillings ist es entscheidend, dass die Signale für den Informationsaustausch zwischen den einzelnen Modellen mit denen des Antriebsstrangprüfstands übereinstimmen. Die spezifische Übertragungsart der Signale spielt in der initialen Phase meist eine untergeordnete Rolle.

Innerhalb der Automatisierungsebene spielen die Simulation und die Regelung des Antriebsstrangprüfstands eine wesentliche Rolle im initialen digitalen Zwilling. Die grundlegenden Modelle der Simulation - Strecke, Fahrer, Fahrzeug sowie Reifen - sollten daher über die zuvor definierten Schnittstellen mit den Modellen der Radmaschinen und des Testobjekts verbunden werden. Die Regelung ist ebenfalls von entscheidender Bedeutung für die Abarbeitung der Anforderungen des Prüfprogramms. In diesem Zusammenhang sollten übergeordnet die Aktivierung und Verbindung der Modelle gesteuert werden, um unterschiedliche Regelungsstrategien umzusetzen. Als letztes Element der virtuellen Modelle ist die Umsetzung des Versuchsablaufs ein unverzichtbarer Bestandteil des initialen digitalen Zwillings. Dieses Modell repliziert die Übersetzung des tabellenbasierten Prüfprogramms in diskrete Simulationssignale, die zu definierten Zeit- oder Wegpunkten ausgegeben werden.

Digitale Schatten

Für die Modelle des Testobjekts und der Radmaschinen umfasst der digitale Schatten des initialen digitalen Zwillings eine Basisparametrierung. Soweit verfügbar, können aktuelle Parameter aus Parameterdatenbanken integriert werden, um die Generierung der Modelle zu vereinfachen.

In der Automatisierungsebene des Antriebsstrangprüfstands ist eine konsistente Verwaltung und Zuordnung der Prozessgrößen von entscheidender Bedeutung. Um eine nahtlose Integration der Prüfstandsdaten in den initialen digitalen Zwilling zu gewährleisten, sollten die Bezeichner der Prozessgrößen möglichst mit den etablierten Prüfstandsbezeichnungen übereinstimmen. Falls zusätzliche oder externe Datenquellen eingebunden werden, bieten Namenskonvertierungstabellen eine effiziente Lösung, um die eindeutige Zuordnung und Kompatibilität zwischen unterschiedlichen Bezeichnungssystemen sicherzustellen.

Über die Serviceebene ist der Antriebsstrangprüfstand mit verschiedenen Datenbanken verbunden. Für den Aufbau des digitalen Zwillings ist insbesondere die Anbindung an die Datenablage für Messdaten von Bedeutung, um die Validierung der Modelle zu ermöglichen. Abhängig vom Zeitpunkt des Einsatzes des digitalen Zwillings können auch Messdaten aus Fahrzeugversuchen oder Simulationen zur Entwicklung und Validierung der Modelle beitragen. Darüber hinaus ist der Zugang zur Bibliothek der Prüfprogramme erforderlich, um eine effiziente Übertragung von Daten zwischen dem CPS und dem digitalen Zwilling sicherzustellen.

Dienste

Die Dienste des initialen digitalen Zwillings können ebenso wie die anderen Elemente aus der Struktur des Antriebsstrangprüfstands abgeleitet werden. Um die Funktionalität des digitalen Zwillings nachzuweisen, ist in Anlehnung an das Vorgehen zu Simulationsstudien [114] eine Visualisierung der Daten sowie ein Editor zur Anzeige und Anpassung der Modellparameter erforderlich.

Zur Verwaltung der Modelle und Funktionen des digitalen Zwillings ist der Einsatz eines Programms zu Versionsverwaltung sinnvoll.

3.4.2 Analyse des Anwendungsfalls

Auf Grundlage dieser Analyse wird die Konfiguration jedes operativen digitalen Zwillings festgelegt. Da der digitale Zwilling aus der informationstechnischen Entwicklung hervorgegangen ist, bietet sich eine Analyse an, die sich an der Use-Case-Analyse nach [115] orientiert. Ein Ablaufplan dieser Analyse ist in Abbildung 3.4 dargestellt.

Die Grundlage der vorliegenden Analyse bildet neben dem spezifischen Einsatzszenario und den angestrebten Erprobungszielen die virtuellen Modelle des initialen digitalen Zwillings. Dabei bleibt die Grundstruktur der virtuellen Modelle des PiL-Betriebs in den meisten Anwendungsfällen konstant (vgl. Abbildung 2.6), während die Anforderungen an die einzelnen Teilsysteme je nach Szenario und Zielsetzung der Erprobung variieren können.

Anschließend werden die relevanten beteiligten Systeme sowie deren Schnittstellen systematisch identifiziert. Gemeinsam mit einem Anwendungsszenario, das exemplarisch die Interaktion zwischen den Systemkomponenten beschreibt, werden im nächsten Schritt die funktionalen Anforderungen abgeleitet, die als Grundlage für die konkrete Konfiguration des operativen digitalen Zwillings dienen. Dabei sind sowohl die spezifischen Anforderungen an den Einsatz des digitalen Zwillings als auch die Anforderungen der Erprobung zu berücksichtigen. Die abschließende Ableitung der funktionalen Anforderungen bildet die Grundlage für die Festlegung

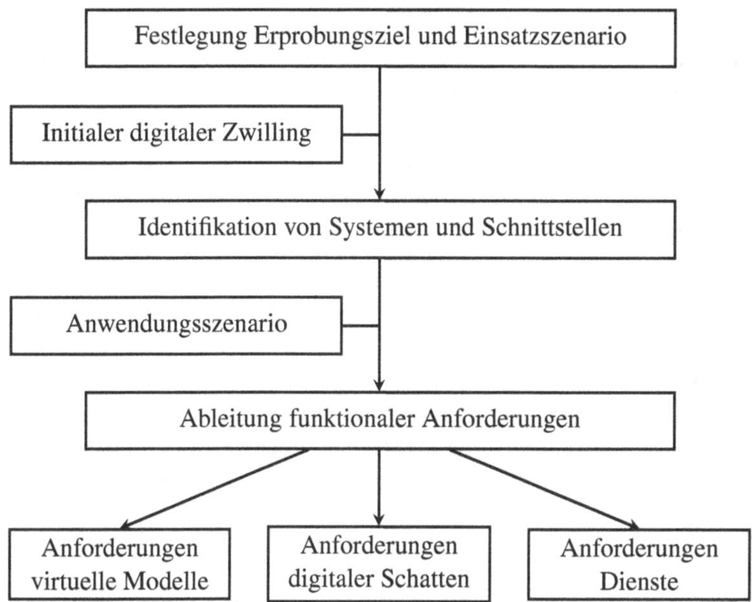

Abbildung 3.4: Ablaufplan der Anwendungsanalyse

spezifischer Anforderungen an die virtuellen Modelle, den digitalen Schatten sowie potenzielle neue Dienste.

Im Mittelpunkt der Modellierung der virtuellen Modelle stehen das Testobjekt sowie die relevanten Elemente der Hardware- und Softwareebene des Prüfstands. Die benötigten Teilsysteme des Testobjekts richten sich nach dem Ziel der Erprobung. Im Kontext der Antriebsstrangerprobung können Teilsysteme mit unterschiedlichem Detaillierungsgrad modelliert werden. Beispielsweise hat das Differential bei der Applikation eines Motors auf einen Verbrauchszyklus aufgrund der fehlenden Lenkung nur einen geringen Einfluss, wohingegen es im Rennstreckenbetrieb eine entscheidende Rolle spielt. Daher ist es im Rahmen der Analyse des Testobjekts unerlässlich, sowohl die Hardwarekomponenten als auch die Regelsysteme in die Modellierung einzubeziehen, um die unterschiedlichen Anforderungen je nach Szenario adäquat abzubilden.

Die Anforderungen an die Hard- und Softwareebene des Prüfstands ergeben sich zum einen aus den spezifischen Zielen der Erprobung. In diesem Zusammenhang ist es notwendig, die für die jeweilige Erprobung relevanten Komponenten des

Prüfstands zu identifizieren. Hierzu gehören beispielsweise ein Roboter zur Betätigung der Gänge bei einem Handschaltgetriebe oder ein zusätzliches Modell zur Abbildung spezifischer Bremseingriffe. Zum anderen ergeben sich die Anforderungen aus dem Einsatzszenario des digitalen Zwillings. Im Kontext der Applikation von Regelsystemen muss beispielsweise die Latenz des Systems exakt repliziert werden, während für die Überprüfung von Prüfprogrammen die Implementierung des Prüfprogramms mit hoher Präzision abgebildet sein muss.

Die Anforderungen an die digitalen Schatten und Dienste lassen sich im Allgemeinen aus dem spezifischen Einsatzszenario des digitalen Zwillings ableiten. So müssen beispielsweise zur Validierung von Modellen Messdaten aus Fahrzeugmessungen in den digitalen Schatten integriert werden, um die Genauigkeit der Simulationen zu gewährleisten. Bei der Entwicklung neuer physikalischer Modelle hingegen ist es erforderlich, zusätzliche Parameter in den digitalen Schatten zu integrieren, um eine realistische Abbildung der physikalischen Prozesse zu ermöglichen.

3.4.3 Konfiguration des operativen digitalen Zwillings

Nachdem die Anforderungen an den operativen digitalen Zwilling in der Anwendungsanalyse (vgl. Abschnitt 3.4.2) definiert wurden, besteht die Konfiguration aus zwei Teilen: der Modellierung und der Parametrierung.

In einem ersten Schritt wird für den betreffenden Anwendungsfall ein digitaler Schatten angelegt. Darin sind verschiedene Parametersätze enthalten. Die Parameter für die Echtzeitsimulation sind aus vergangenen Erprobungen mit einem ähnlichen Derivat, aus Datenbanken oder über Identifikation aus anderen Simulationsmodellen zu beziehen. Ein weiterer Parametersatz enthält die Parameter der Prüfstandsperipherie, wie den Radmaschinen. Neben den Parametersätzen enthält der digitale Schatten auch das Prüfprogramm. Schließlich beinhaltet der digitale Schatten, sofern verfügbar, Messdaten zur Validierung des Modells. Diese können aus vorherigen Erprobungen, Straßenmessungen oder Simulationen stammen.

Die Modelle für den operativen digitalen Zwilling basieren auf den Modellen des initialen digitalen Zwillings. Aufbauend auf den Anforderungen der vorangegangenen Analyse erfolgt die Konfiguration des Modells aus den erforderlichen Teilsystemen. Für die Elemente der Prüfstandsebene kann häufig auf bestehende Modelle des initialen Zwillings zurückgegriffen werden. Sollten die Anforderungen durch die

Modelle des initialen digitalen Zwillings nicht erfüllt sein, ist es notwendig die bestehenden Modelle zu erweitern. Dies kann beispielsweise die Umsetzung weiterer Funktionen des Automatisierungssystems für spezifische Erprobungen sein. Während die Modelle des Prüfstandes häufig für mehrere Erprobungen identisch sind, ändert sich das Testobjekt meistens mit dem Beginn einer neuen Erprobung.

Abschließend sollte der operative digitale Zwilling genutzt werden, um die konfigurierten virtuellen Modelle zu validieren. Dazu kann auf die Messdaten aus dem digitalen Schatten zurückgegriffen werden.

3.4.4 Einsatz des operativen digitalen Zwillings

Der digitale Zwilling, der für ein oder mehrere Einsatzszenarien konfiguriert wurde, dient während des Betriebs zur Umsetzung dieser Szenarien. Die dabei ausgeführten Simulationen und Analysen generieren Informationen, Modelle oder Parameter, die auf den Prüfstand übertragen werden müssen. Dazu sind geeignete Schnittstellen zwischen dem digitalen Zwilling und dem CPS erforderlich. Mögliche Implementierungsansätze umfassen die Nutzung standardisierter Parameterdokumente oder die direkte Anbindung an Prüfstandsdatenbanken zur strukturierten Datenspeicherung und -bereitstellung.

Die während des Einsatzes gewonnenen Erkenntnisse führen häufig zu einem iterativen Anpassungsprozess des operativen digitalen Zwillings. Dabei kann festgestellt werden, dass bestimmte Systeme nicht hinreichend modelliert sind, sodass eine Erweiterung des Modells erforderlich wird, um den spezifischen Einsatzzweck adäquat abzubilden. Dieser iterative Anpassungsprozess wird so lange wiederholt, bis das ausgewählte Einsatzszenario erfolgreich umgesetzt wurde. Der Erfolg der Modellanpassung wird anhand definierter, messbarer Erfolgskriterien bewertet. Dabei ist eine Abwägung zwischen dem erforderlichen Modellierungsaufwand und dem erwarteten Nutzen im jeweiligen Einsatzkontext essenziell. Falls die erwartete Verbesserung des Modells den zusätzlichen Aufwand nicht rechtfertigt oder das Szenario trotz wiederholter Anpassungen nicht zufriedenstellend umgesetzt werden kann, sollte ein Abbruchkriterium definiert werden.

3.4.5 Reintegration des operativen digitalen Zwillings

Mit Abschluss des Einsatzszenarios beginnt die systematische Dokumentation der erstellten Modelle. Dazu werden die während des Einsatzes entwickelten Modellanpassungen in den initialen digitalen Zwilling integriert. Neu generierte Modelle von Elementen der Prüfstandsebene sollten nach Möglichkeit prüffeldübergreifend generalisiert werden, um ihre Wiederverwendbarkeit zu maximieren. Die Dokumentation der Modelle des Testobjekts kann als Referenz für zukünftige Einsatzszenarien dienen oder als Grundlage für die Modellierung weiterer Testobjekte mit einer ähnlichen Antriebstopologie herangezogen werden.

4 Fahrermodellierung

Dieses Kapitel befasst sich mit verschiedenen Ansätzen zur Modellierung menschlichen Fahrverhaltens. Zunächst werden in Abschnitt 4.1 mehrere Kriterien zur Bewertung von Fahrermodellen vorgestellt. Im Anschluss daran beschreibt Abschnitt 4.2 eine Umgebung sowie Werkzeuge zur Modellierung von Fahrermodellen für Antriebsstrangprüfstände unter Verwendung von Reinforcement-Learning (vgl. Abschnitt 2.4). Abschnitt 4.3 präsentiert zwei Fahrermodelle, die zur Regelung hochdynamischer Fahrzeugzustände eingesetzt werden. Der in diesem Abschnitt vorgestellte Ansatz mittels klassischer Regelungstechnik findet anschließend in Kapitel 5 Anwendung.

4.1 Bewertung von Fahrermodellen

Fahrermodelle finden in verschiedenen Bereichen Anwendung, etwa zur Simulation von Fahrverhalten oder zur Regelung von Prüfständen. Die Bewertung dieser Modelle stellt jedoch eine Herausforderung dar, da die zugrunde liegenden Kriterien maßgeblich von der gewählten Modellierungsstrategie sowie der jeweiligen Fahraufgabe abhängen. Folglich existieren keine allgemeingültigen objektiven Bewertungsmaßstäbe [116]. Vor diesem Hintergrund widmen sich zahlreiche Forschungsarbeiten der Objektivierung und dem Vergleich unterschiedlicher Fahrermodelle. Untersuchungen zur Abbildung menschenähnlichen Fahrverhaltens sind beispielsweise in [117, 118] zu finden, während [119] eine umfassende Übersicht zu Fahrermodellen und potenziellen Bewertungskriterien bietet.

Im weiteren Verlauf werden Bewertungskriterien für die Modellierung der dritten Ebene des 3-Ebenen-Modells (vgl. Abbildung 2.7) hergeleitet und deren Relevanz für die Anwendung eines Fahrermodells an einem Antriebsstrangprüfstand analysiert. Schilling et al. definieren in [120] für diese Art von Fahrermodellen sieben Kriterien, von denen drei erfüllt sein müssen (Kernkriterien), während die übrigen vier die Qualität und Anwendbarkeit des Modells beschreiben (Qualitätsindikatoren).

J. Schilling, *Digitaler Zwilling zur Virtualisierung von Arbeitsprozessen am Powertrain-in-the-Loop-Prüfstand*, Wissenschaftliche Reihe Fahrzeugtechnik Universität Stuttgart, https://doi.org/10.1007/978-3-658-51020-6_4

Tabelle 4.1: Bewertungskriterien für die Modellierung der dritten Ebene des 3-Ebenen-Modells nach [120]

	Kriterium	Klassifizierung
1	Geringe Abweichung von der Referenztrajektorie	Kernkriterium
2	Menschliche Lenk- und Pedalaktionen	Kernkriterium
3	Geringer Rechenaufwand	Kernkriterium
4	Unabhängigkeit von Fahrzeug- und Streckentyp	Qualitätsindikator
5	Geringer Parametrierungsaufwand	Qualitätsindikator
6	Verständlichkeit	Qualitätsindikator
7	Abbildung verschiedener Fahrstile	Qualitätsindikator

Das erste Kernkriterium setzt eine möglichst geringe Abweichung von der Referenztrajektorie voraus. Dieses Kriterium wird im folgenden durch den MAE (vgl. Gleichung 3.2) quantifiziert.

Zweitens sollten die Aktionen des Fahrermodells einem menschlichen Verhalten entsprechen. In der Modellierung der dritten Ebene der Fahrermodellierung bezieht sich dieses Kriterium hauptsächlich auf die Änderungsrate der Aktionen. In der Regel passen menschliche Fahrer ihre Aktionen mit einer minimalen erforderlichen Änderungsrate an, was nicht nur zum Fahrkomfort beiträgt, sondern auch den natürlichen Bewegungsabläufen und Reaktionsfähigkeiten des Menschen entspricht. Die minimale erforderliche Änderungsrate ist jedoch abhängig von der Strecke und dem Fahrzeug. Aus diesem Grund wird das Verhalten strecken- und fahrzeugspezifisch über die Standardabweichung der Änderungsrate der Aktionen quantifiziert. Eine geringere Standardabweichung deutet auf eine gleichmäßigere Regelung.

Das dritte Kernkriterium betrifft den Rechenaufwand, der eine Implementierung in Echtzeitsimulationen ermöglichen muss.

Der erste Qualitätsindikator ist die Robustheit des Fahrermodells gegenüber Variationen in der Strecke und Fahrzeugdynamik. Während eines Versuchs können sich beispielsweise das Fahrzeuggewicht oder die Motorleistung verändern, oder es können unterschiedliche Streckenprofile, wie Verbrauchszyklen oder Rennstrecken, untersucht werden. Dennoch sollte das Fahrverhalten des Modells in Bezug auf die ersten drei Bewertungskriterien nicht beeinträchtigt werden. Die Robustheit des Fahrverhaltens wird durch Tests auf verschiedenen Strecken analysiert, wobei in den folgenden Untersuchungen verschiedene unbekannte Evaluationsstrecken zum Einsatz kommen. Zur Bewertung wird der Generalisierungskoeffizient R_{gen} gemäß Gleichung 4.1 berechnet. Dabei erfolgt ein Vergleich der Performance des Fahrermodells auf fünf Evaluationsstrecken, die Abschnitte aus dem regulären Prüfbetrieb sind, mit der auf der Trainingsstrecke.

$$R_{\text{Gen}} = \frac{MAE_{\text{Test}} - MAE_{\text{Training}}}{MAE_{\text{Test}}} \quad \text{Gl. 4.1}$$

Darüber hinaus ist der Aufwand für die Parametrierung ein wesentlicher Einflussfaktor im Prüfstandsversuch. Dieser hängt eng mit dem sechsten Bewertungskriterium, der Verständlichkeit des Modells, zusammen. Ein verständliches und leicht parametrierbares Modell vereinfacht die Analyse und Fehlerbehebung und trägt so zur Reduzierung von Stillstandszeiten bei.

Schließlich spielen auch unterschiedliche Fahrstile in den Qualitätsindikatoren eine Rolle. Diese sind jedoch eng mit der Wahl des Manövers verbunden. Eine Modellierung des Fahrstils ohne Berücksichtigung der zweiten Ebene des Modells ist daher nicht sinnvoll und wird im Folgenden nicht weiter betrachtet. [120]

4.2 Fahrermodellierung mittels Reinforcement Learning

Dieser Abschnitt befasst sich mit der Modellierung eines Fahrermodells für einen Antriebsstrangprüfstand mittels Reinforcement Learning. Das entwickelte Modell regelt in diesem Fall ausschließlich die Längsdynamik des Fahrzeugs, um die Komplexität während der Entwicklung gering zu halten. Die angewandten Methoden sind jedoch grundsätzlich auf die Querdynamik sowie auf eine kombinierte Regelung von Längs- und Querdynamik übertragbar.

In der aktuellen Forschung zur Regelung der Längsdynamik von Fahrzeugen mittels Reinforcement Learning existieren verschiedene Ansätze zur Modellierung des Fahrverhaltens. So präsentieren beispielsweise Wang et al. ein simulationsbasiertes Fahrermodell zur Abstandsregelung [121]. Ein weiterführender Ansatz, der zusätzlich Geschwindigkeitsbegrenzungen berücksichtigt, wird in [122] vorgestellt.

Ein Vergleich verschiedener Trajektorienfolgeregelungen für die Längsregelung, einschließlich einer Analyse der Regelungsgenauigkeit und Rechenzeit, findet sich in [123]. Darüber hinaus befassen sich die Arbeiten von Kuutti et al. und Huang et al.

mit der Optimierung von Reinforcement-Learning-Algorithmen, um deren Effizienz und Leistungsfähigkeit in der Anwendung auf Fahrermodelle zu verbessern [124, 125]. Ein weiterer Forschungsfokus liegt auf der Erklärbarkeit solcher Modelle, wie in [126] untersucht wird.

In den nachfolgenden Abschnitten wird zunächst das Grundmodell des Längsdynamikfahrers für einen Antriebsstrangprüfstand beschrieben. Im weiteren Verlauf werden weitere Bewertungskriterien untersucht, darunter die Erklärbarkeit mittels Methoden der erklärbaren künstlichen Intelligenz (XAI, engl. *Explainable Artificial Intelligence*) sowie die Robustheit anhand zufallsbasierter Trajektorien.

4.2.1 Das Grundmodell

Der Aufbau des Grundmodells für das RL-Fahrermodell basiert auf der Struktur des MDP (vgl. Abschnitt 2.4) und setzt sich aus fünf Elementen zusammen. Die programmtechnische Umsetzung erfolgt mithilfe der Gymnasium-Bibliothek [127], deren Framework in dieser Arbeit durch die Implementierung spezifischer Klassen für jedes der fünf Elemente erweitert wurde. Diese Modularisierung ermöglicht eine flexible Konfiguration und die Durchführung einer Vielzahl unterschiedlicher Tests über Konfigurationsdateien. Die Grundlage für das Reinforcement-Learning bildet die StableBaselines3-Bibliothek [128], die eine Auswahl relevanter Algorithmen zur Verfügung stellt.

Abbildung 4.1 veranschaulicht die Interaktion der Modelle während des Trainingsprozesses. Die vom Agent gewählte Action a_t wird im Action Space in eine Fahrpedalstellung α_p und einen Verzögerungswunsch a_b transformiert. Basierend auf diesen Vorgaben erzeugt das kombinierte Modell aus Strecke und Fahrzeug neue Fahrzeugzustände. Diese werden in Form der Referenzgeschwindigkeit v_{ref} sowie der aktuellen Geschwindigkeit v_{akt} an die Reward Function und den State Space übermittelt.

Auf Grundlage dieser Informationen berechnet die Reward Function den Reward r_t, während der State Space den aktuellen State s_t für die Entscheidungsfindung des Agent bereitstellt. Diese Interaktion bildet die zentrale Feedbackschleife des Lernprozesses und ermöglicht eine kontinuierliche Optimierung der Policy des Agent.

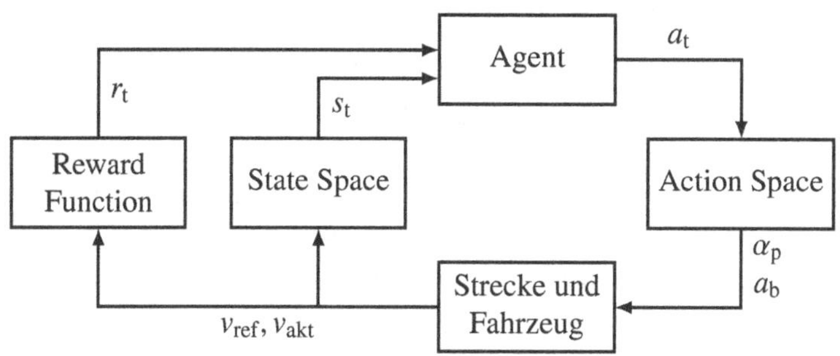

Abbildung 4.1: Teilsysteme und Schnittstellen des RL-Fahrermodells

Agent

DDPG ist ein modellfreier RL-Algorithmus, der speziell für kontinuierliche Aktionsräume konzipiert ist. Der Algorithmus basiert auf der Actor-Critic-Architektur und vereint die Vorzüge von Deep Q-Networks (DQN) mit der Policy-Gradient-Methode [91].

Für das Fahrermodell bietet DDPG mehrere Vorteile. Erstens ermöglicht es den Umgang mit kontinuierlichen Aktionsräumen, was für die Steuerung von Fahrpedalstellung und Verzögerung erforderlich ist. Zweitens berücksichtigt DDPG langfristige Belohnungen durch die Nutzung der Q-Funktion, was zu einer strategisch sinnvollen Fahrweise führt, anstatt nur kurzfristige Optimierungen zu verfolgen. Aufgrund des hohen Aufwands für die Hyperparameteroptimierung basiert dieser Agent weitgehend auf der Standardkonfiguration (vgl. Tabelle A.1).

Zur weiteren Verbesserung der Stabilität und Effizienz des Trainings könnten Erweiterungen wie Twin Delayed Deep Deterministic Policy Gradient (TD3) [129] oder SAC in Betracht gezogen werden. Aufgrund des erhöhten Rechenaufwands von TD3 wurde jedoch auf dessen Einsatz verzichtet, da DDPG bereits eine ausreichend stabile Lernleistung aufweist. Ebenso wurde SAC nicht verwendet, da dessen hohe Explorationsrate zu längeren Trainingszeiten führt, ohne signifikante Vorteile für das Fahrermodell zu bieten.

Action Space

Der Action Space dient der Umwandlung der vom RL-Agent ausgegebenen Action in Steuerbefehle, die vom Fahrzeugmodell interpretiert werden können. Da die Actions des Agent in der Regel auf einen normalisierten Wertebereich beschränkt sind, der durch die Grenzen $\tilde{a}_{\text{min}}$ und $\tilde{a}_{\text{max}}$ definiert wird, ist eine Transformation in den ursprünglichen Wertebereich des Systems erforderlich. Diese erfolgt durch eine lineare Transformation der normierten Action $\tilde{a}$ zur unnormierten Action nach

$$a = (\tilde{a} - \tilde{a}_{\text{min}}) \cdot \frac{a_{\text{max}} - a_{\text{min}}}{\tilde{a}_{\text{max}} - \tilde{a}_{\text{min}}} + a_{\text{min}}. \qquad \text{Gl. 4.2}$$

Die Werte a_{min} und a_{max} bezeichnen die unteren und oberen Grenzen des physikalischen Wertebereichs, der je nach Anwendung bspw. die Fahrpedalstellung oder den Bremswunsch repräsentieren kann. Diese Transformation stellt sicher, dass der Agent mit einem standardisierten Eingabebereich arbeitet, während die resultierenden Steuerbefehle innerhalb physikalisch sinnvoller Grenzen bleiben.

Da ein menschlicher Fahrer typischerweise nicht gleichzeitig das Fahr- und Bremspedal betätigt, wird die Action a so definiert, dass sie beide Steuergrößen abdeckt. Die Action ist daher in zwei Intervalle unterteilt:

$$a = \begin{cases} a_{\text{b}}, & \text{für } a \in [-1, 0], \\ \alpha_{\text{p}}, & \text{für } a \in (0, 1]. \end{cases} \qquad \text{Gl. 4.3}$$

Strecke und Fahrzeug

Die Strecke und das Fahrzeug sind die physikalische Modellierung des Fahrzeuges und seiner Umgebung. Die Strecke kann als einfache Vorgabe einer Referenzgeschwindigkeit v_{ref} über der Zeit t modelliert werden.

Das Fahrzeug wird als Punktmasse modelliert, wobei die Zustände des Systems durch die Position $x_1(t) = x(t)$ und die Geschwindigkeit $x_2(t) = v(t)$ beschrieben werden. Das nichtlineare Zustandsraummodell des Systems wird durch das folgende System von Differentialgleichungen beschrieben:

$$\dot{x}(t) = \begin{bmatrix} \dot{x}_1(t) \\ \dot{x}_2(t) \end{bmatrix} = \begin{bmatrix} x_2(t) \\ \frac{1}{m}\left(F(t) - c_{\text{roll}} m g - \frac{c_{\text{w}} \rho_l A_{\text{f}}}{2} x_2(t)^2\right) \end{bmatrix} \qquad \text{Gl. 4.4}$$

Der Parameter m stellt die Masse des Fahrzeugs, A_f die Stirnfläche des Fahrzeugs, ρ_l die Luftdichte, c_w den Luftwiderstandsbeiwert und c_{roll} den Rollwiderstandsfaktor dar.

Die Ausgabe $y(t)$ des Systems, die die Geschwindigkeit des Fahrzeugs beschreibt, wird durch die folgende Gleichung bestimmt:

$$y(t) = \begin{bmatrix} 0 & 1 \end{bmatrix} x(t) \qquad \text{Gl. 4.5}$$

Die auf das Fahrzeug einwirkende Kraft $F(t)$ setzt sich aus der Antriebskraft und einer Bremskraft zusammen. Die Gesamtgröße $F(t)$ wird folgend modelliert:

$$F(t) = \begin{bmatrix} F_{\text{antrb}}(\omega_{\text{mot}}) & m \end{bmatrix} \begin{bmatrix} \alpha_{\text{p}} \\ a_{\text{b}} \end{bmatrix} \qquad \text{Gl. 4.6}$$

Dabei bezeichnet $F_{\text{antrb}}(\omega_{\text{mot}})$ die Antriebskraft, die in Abhängigkeit von der Motordrehzahl ω_{mot} steht. Da dieses Modell während des Trainingsprozesses sehr häufig ausgeführt wird, trägt die einfache Struktur zur Beschleunigung der Berechnungen bei. Dies ist entscheidend für die Entwicklung des Fahrermodells, bei dem schnelle Ergebnisse in der Konzeptionsphase erforderlich sind.

State Space

Im State Space werden die dem Agent zur Verfügung gestellten States verrechnet und auf einen normalisierten Wertebereich transformiert. Im Grundmodell umfasst der State die Referenzgeschwindigkeit $v_{\text{ref},t}$ zum Zeitpunkt t, die für zwei Zeitschritte vorausgesagte Referenzgeschwindigkeit $v_{\text{ref},t+2}$, die aktuelle Geschwindigkeit v_{act} sowie die Abweichung zwischen Referenzgeschwindigkeit und aktueller Geschwindigkeit Δv.

Die Normalisierung dieser Werte erfolgt gemäß der inversen Normalisierung des Action Space. Dies wird formal beschrieben durch:

$$\tilde{s} = (s - s_{\text{min}}) \cdot \frac{\tilde{s}_{\text{max}} - \tilde{s}_{\text{min}}}{s_{\text{max}} - s_{\text{min}}} + \tilde{s}_{\text{min}}, \qquad \text{Gl. 4.7}$$

wobei $\tilde{s}_{\text{min}}$ und $\tilde{s}_{\text{max}}$ die Grenzen des normierten Wertebereichs darstellen, während s_{min} und s_{max} die Grenzen des Wertebereichs des Fahrzeug beschreiben. Letztere sind dabei abhängig vom jeweiligen Fahrzeugtyp.

Obwohl die Abweichung Δv prinzipiell anhand der Grenzwerte der Geschwindigkeiten normiert werden könnte, würde dieses Vorgehen zu deutlich kleineren normierten Werten im Vergleich zu den übrigen States führen. Dadurch ginge der Vorteil der Normalisierung teilweise verloren. Um diesem Problem entgegenzuwirken, wird die Abweichung stattdessen mittels einer modifizierten Sigmoid-Funktion mit einem Skalierungsfaktor λ normalisiert:

$$s_{\mathrm{norm}} = \frac{1}{1 + e^{-\lambda s}} \qquad \text{Gl. 4.8}$$

Diese Transformation sorgt für eine gleichmäßigere Verteilung der normierten Werte und verbessert somit die Skalierungseigenschaften des State. Die Wahl des Skalierungsfaktors erfolgt experimentell und kann im Rahmen eines Hyperparametertunings optimiert werden.

Die Auswahl und Transformation der Zustandsvariablen sind entscheidend für die Leistung des Fahrermodells und werden daher in den folgenden Kapiteln ausführlicher untersucht.

Reward Function

Der Reward wird innerhalb der Reward Function aus dem Fahrzeugzustand abgeleitet. Die Reward Function kann dabei beliebig komplex gestaltet werden, um mehrere Ziele zu berücksichtigen. Allerdings erfordert eine komplexe Reward Function mit mehreren Zielen einen hohen Trainingsaufwand, um die richtige Gewichtung der einzelnen Ziele zu finden. Aus diesem Grund orientiert sich die Reward Function des hier verwendeten Grundmodells nur an dem Hauptziel des Fahrermodells und basiert auf der negativen absoluten Abweichung der normierten Geschwindigkeiten. Zusätzlich besteht die Möglichkeit, den Reward mittels eines Skalierungsfaktors λ_{r} zu skalieren.

$$\mathrm{reward} = -\left|\tilde{v}_{\mathrm{akt}} - \tilde{v}_{\mathrm{ref}}\right| \cdot \lambda_{\mathrm{r}} \qquad \text{Gl. 4.9}$$

Evaluation des Grundmodells

Das Ergebnis des Grundmodells ist in Abbildung 4.2 als Geschwindigkeits-Zeit-Diagramm dargestellt. Abgebildet sind sowohl die Referenzgeschwindigkeit als auch die aktuelle Fahrzeuggeschwindigkeit. Die absolute Abweichung ist auf der rechten y-Achse aufgetragen. Das Fahrzeug wurde auf dieser Strecke trainiert und erzielt einen MAE von 0,34 km/h. Die größte Abweichung tritt im Bereich zwischen 21 s und 24 s auf, in dem das Fahrzeug verzögert werden soll. In dieser Strecke sind mehrere Beschleunigungsphasen vorhanden, während die Verzögerungsphasen seltener auftreten. Dadurch wurde das Bremsverhalten wahrscheinlich schlechter erlernt als das Beschleunigungsverhalten.

Da das Training des Agent mit einem zufälligen Seed initialisiert wird, können die Ergebnisse bei jedem neuen Training trotz identischer Konfiguration variieren. Dies liegt daran, dass die zufällige Initialisierung der Modellparameter zu unterschiedlichen Lernverläufen führen kann. Aus diesem Grund wird in Tabelle 4.3 der niedrigste MAE ($MAE_{\min}$) sowie der Median-MAE ($MAE_{0.5}$) über zwanzig unabhängige Trainingsläufe angegeben. Während $MAE_{\min}$ das beste Modell beschreibt und daher für den praktischen Einsatz entscheidend ist, bietet $MAE_{0.5}$ eine robustere Einschätzung des gesamten Trainingsprozesses. Der Median-MAE hilft insbesondere dabei zu beurteilen, ob der niedrigste MAE ein verlässliches Ergebnis oder lediglich ein Ausreißer im Training war.

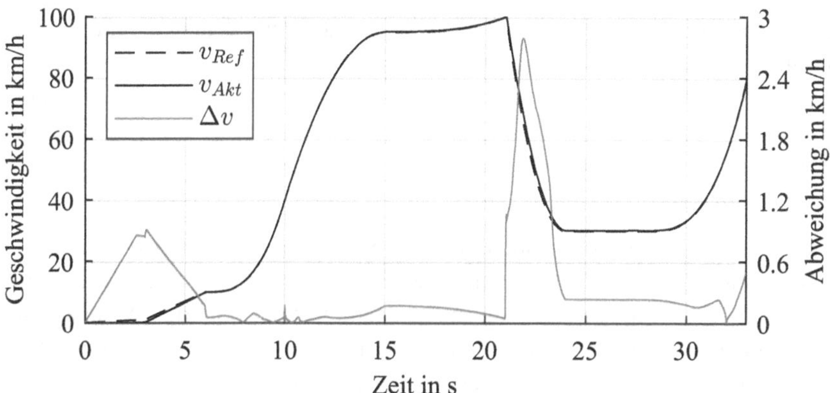

Abbildung 4.2: Vergleich von Referenzgeschwindigkeit und aktueller Geschwindigkeit unter Steuerung des Grundmodells

4.2.2 Modellverständnis

Im Gegensatz zu klassischen Regelungssystemen sind die Zusammenhänge zwischen den Eingangs- und Ausgangsgrößen des RL-Fahrermodells nicht sofort ersichtlich. Dieses Verständnis ist jedoch wichtig, um das Modell zu verifizieren, seine Anwendung auf unbekannte Trajektorien zu bewerten und die Auswahl der States zu unterstützen.

Die ausgewählten States des Grundmodells basieren teilweise auf den Eingangsgrößen eines klassischen Regelungssystems und teilweise auf den Informationen, die ein menschlicher Fahrer zur Fahrzeugführung benötigt. Zum besseren Verständnis der gewählten Aktionen des Fahrers wurde die Policy des Agent mit XAI untersucht, wobei die Shapley-Analyse angewendet wurde. [130]

Die Shapley-Analyse quantifiziert den Beitrag einzelner Merkmale zu den Vorhersagen eines Modells, indem sie alle möglichen Kombinationen von Merkmalen berücksichtigt. Die Shapley Additive Explanations (SHAP)-Bibliothek setzt diese Technik ein und ermöglicht so die Erklärung von Vorhersagen komplexer Modelle. [131]

Das Ergebnis der Shapley-Analyse ist in Abbildung 4.3 dargestellt. Auf der x-Achse sind die SHAP-Werte abgebildet, die den Einfluss jedes State auf die Modellentscheidung (Action) quantifizieren. Niedrige SHAP-Werte deuten darauf hin, dass ein State überwiegend mit niedrigen Action-Werten assoziiert ist, während hohe SHAP-Werte darauf hinweisen, dass der State einen starken Einfluss auf hohe Action-Werte ausübt. Ein SHAP-Wert von null bedeutet, dass der State keinen Einfluss auf das Modell hat. Zudem zeigt die Farbe jedes Punktes den jeweiligen Wert des State an.

In der Abbildung ist zu erkennen, dass die Fahrzeuggeschwindigkeit v_{akt} einen starken Einfluss auf die Wahl der Action hat. Bei hohen Geschwindigkeitswerten tendiert der Fahrer dazu, das Fahrzeug zu verzögern, während niedrige Werte zu einer Betätigung des Fahrpedals führen. Dieses Verhalten entspricht den Trainingsdaten sowie dem typischen menschlichen Fahrverhalten. Bei hohen Geschwindigkeiten bremst ein Fahrer in der Regel, anstatt das Fahrzeug weiter zu beschleunigen. Im Gegensatz dazu führen hohe Referenzgeschwindigkeiten $v_{\text{ref,t}}$ und $v_{\text{ref,t+2}}$ zu einer Beschleunigung des Fahrzeugs, während niedrige Referenzgeschwindigkeiten die Verzögerung des Fahrzeugs zur Folge haben, was ebenfalls dem Verhalten eines menschlichen Fahrers entspricht. Durch die Normierung der Geschwindigkeitsabweichung Δv entspricht ein Wert von 0,5 exakt der Zielgeschwindigkeit, während Werte darunter auf eine zu hohe und Werte darüber auf eine zu niedrige Geschwindigkeit des Fahrzeugs hinweisen. Die Abbildung zeigt, dass geringe Abweichungen nur einen geringen Einfluss auf die Action haben. Ein zu schnelles Fahrzeug wird vom Fahrer verzögert, während ein zu langsames Fahrzeug beschleunigt wird, was dem typischen Verhalten eines menschlichen Fahrers entspricht. Allerdings ist der Einfluss dieses State geringer als der der drei vorherigen.

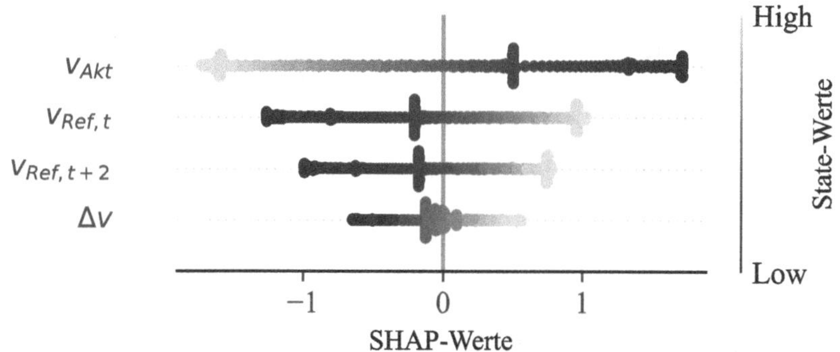

Abbildung 4.3: Ergebnisse der Shapley-Analyse für die States des Grundmodells

Zusätzlich zur Verbesserung der Nachvollziehbarkeit des Modells können die SHAP-Werte dazu verwendet werden, zwischen relevanten und weniger relevanten States zu differenzieren. States mit durchschnittlich niedrigen absoluten SHAP-Werten haben in der Regel einen geringeren Einfluss auf die Entscheidung des Agent. Diese Annahme ist jedoch nicht universell gültig, da SHAP-Werte Modellvorhersagen auf Basis einzelner Stichproben aus dem State Space erzeugen. Zudem können lokale Erklärungen durch komplexe nichtlineare Interaktionen zwischen den States verzerrt werden, wodurch die Generalisierbarkeit auf das gesamte Modell erschwert wird. Des Weiteren zeigt SHAP Schwierigkeiten bei der korrekten Differenzierung hochkorrelierter Merkmale, was zu einer fehlerhaften Zuordnung der Wichtigkeit der einzelnen States führen kann. Diese Limitationen können zu einer verzerrten Wahrnehmung der Einflussfaktoren auf die Modellvorhersagen führen.

4.2.3 Zufallsbasierte Trajektorien

Das Training und die Evaluation des Grundmodells finden ausschließlich auf einer Strecke statt. Die Generierung eines neuen Fahrermodells für jede neue Strecke ist in der Anwendung nicht umsetzbar. Demzufolge ist ein gutes Verhalten des

Fahrermodells auf ähnlichen Strecken, beispielsweise mehreren Rennstrecken oder mehreren Verbrauchzyklen, notwendig.

Eine Generalisierung des Fahrverhaltens kann nur erreicht werden, wenn der Agent während des Trainings eine möglichst große Vielfalt an Zuständen durchläuft. Anstatt eine feste Trajektorie über den gesamten Trainingsprozess hinweg zu verwenden, ist es daher vorteilhaft, nach jeder abgeschlossenen Trajektorie eine neue, zufallsbasierte Trajektorie zu generieren.

Die vorliegende Arbeit präsentiert einen Algorithmus zur Generierung zufallbasierter Trajektorien für eine Rennstrecke. Um die Fahrbarkeit der zufällig generierten Trajektorien zu gewährleisten, wird anstelle einer direkten Generierung der Geschwindigkeit eine Reihe zufälliger Aktionen ermittelt. Diese Aktionen werden anschließend durch die Simulation des Fahrzeugmodells in eine Referenzgeschwindigkeit überführt. Ein wesentlicher Aspekt des Algorithmus ist die Identifikation wiederkehrender Segmente innerhalb der Strecke, die in ähnlicher Form mehrfach auftreten. Für unterschiedlich gestaltete Rennstrecken lässt sich als exemplarisch wiederkehrendes Segment der Abschnitt zwischen einem Kurvenausgang und dem nächsten Kurveneingang definieren. Dieser Abschnitt kann in fünf Subsegmente unterteilt werden:

(1) Am Kurvenausgang strebt der Fahrer eine maximale Beschleunigung an, um möglichst schnell eine hohe Geschwindigkeit zu erreichen. Aufgrund der Fahrzeugdynamik kann das Gaspedal jedoch zunächst nur graduell weiter geöffnet werden. (2) Erst nachdem das Fahrzeug auf der Geraden vollständig stabilisiert ist, kann der Fahrer die Gaspedalstellung signifikant erhöhen und das Fahrzeug mit maximaler Beschleunigung bewegen. (3) Diese Phase der vollen Beschleunigung wird bis zum Erreichen des Bremspunktes der nächsten Kurve beibehalten. (4) Am Bremspunkt erfolgt eine starke Verzögerung, um die Geschwindigkeit gezielt zu reduzieren und das Fahrzeug für die bevorstehende Kurvendurchfahrt vorzubereiten. Die Bremskraft wird dabei zunächst maximal aufgebracht und (5) anschließend progressiv reduziert, um einen kontrollierten Übergang vom Bremsvorgang zur Kurvenfahrt zu gewährleisten.

Für jedes dieser Subsegmente wird ausgehend von der letzten Action der neue Action-Wert gemäß der Gleichung 4.10 berechnet:

$$a_{\mathrm{t}} \sim \mathcal{N}(a_{\mathrm{t-1}} + \mathcal{U}, \sigma_{\mathrm{ss}}^2) \quad \text{mit} \quad \mathcal{U} \sim \mathrm{Uniform}(a_{\mathrm{ss,min}}, a_{\mathrm{ss,max}}) \qquad \text{Gl. 4.10}$$

Dabei folgt der Action-Wert a_{t} einer Normalverteilung $\mathcal{N}(\mu, \sigma^2)$ mit dem Mittelwert $a_{\mathrm{t-1}} + \mathcal{U}$ und der Varianz σ_{ss}^2. Die zufällige Variation $\mathcal{U}$ unterliegt einer

Gleichverteilung im Intervall $[a_{ss,min}, a_{ss,max}]$, wobei $a_{ss,min}$ und $a_{ss,max}$ die minimalen bzw. maximalen möglichen Änderungen der Action-Werte pro Zeitschritt festlegen. Dies begrenzt die Variation auf einen definierten Bereich und verhindert sprunghafte Änderungen. Neben der Variation des Action-Wertes wird auch die Länge des Subsegments Uniform in den Grenzen $[l_{ss,min}, l_{ss,max}]$ bestimmt. Die Parameter für die Modellierung des beschriebenen Streckenabschnitts sind in Tabelle 4.2 für jedes Subsegment aufgeführt.

Tabelle 4.2: Parameter zur Erzeugung der zufallsbasierten Trajektorie

	Subsegmente				
	1	2	3	4	5
$a_{ss,min}$	0	-0.01	10	-10	1
$a_{ss,max}$	1	0.1	40	-40	3
$l_{ss,min}$	200	100	500	60	100
$l_{ss,max}$	300	100	1000	300	200
σ^2_{ss}	0.1	0.1	0.1	0.1	0.1

Ein Satz an acht zufällig generierten Trajektorien ist in Abbildung 4.4 dargestellt. Obwohl das vollständige Abbremsen eines Fahrzeugs auf Rennstrecken unüblich ist, ist dieses Verhalten in den Trajektorien zu erkennen. Diese Vorgehensweise ermöglicht es dem Fahrermodell, das Verhalten beim Beschleunigen aus dem Stillstand zu erlernen.

Die Ergebnisse des Fahrermodells mit zufallsbasierten Trajektorien (stochastisches Modell) sind in Tabelle 4.3 dargestellt. Sowohl der Median-MAE als auch der minimale MAE zeigen auf der Trainingsstrecke eine geringere Abweichung zur Referenztrajektorie im Vergleich zum Grundmodell auf. Eine mögliche Erklärung hierfür könnte die unterrepräsentierte Verzögerungsphase auf der Trainingsstrecke sein, die das Grundmodell möglicherweise nicht ausreichend erlernt hat. Im Gegensatz dazu weist das stochastische Modell, wie in Abbildung 4.4 ersichtlich, einen ausgewogenen Anteil an Verzögerungen und Beschleunigungen auf, wodurch es in der Lage ist, einen geringen Fehlerwert zu erzielen.

Zusätzlich trägt das zufallsbasierte Training zu einer gleichmäßigeren Betätigung des Fahrpedals und der Bremse bei, was sich in den reduzierten Standardabweichungen der Fahrpedalstellung σ_{α_p} sowie der Bremsverzögerung σ_{a_b} widerspiegelt.

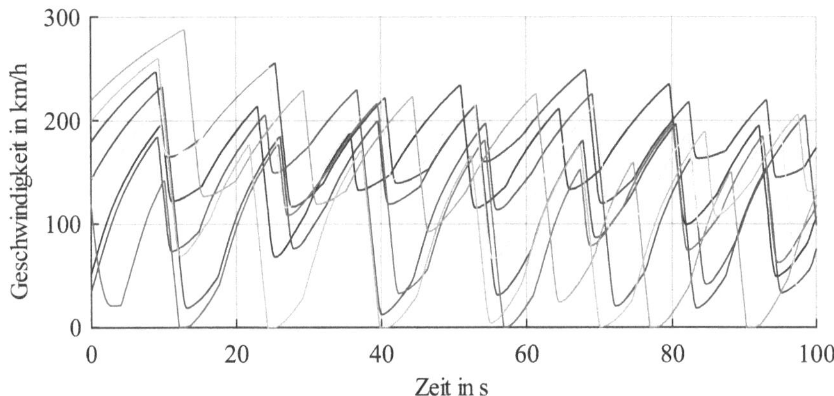

Abbildung 4.4: Darstellung von acht zufällig generierten Geschwindigkeitstrajektorien

In Tabelle 4.3 sind die Standardabweichungen des Fahrers mit dem niedrigsten MAE angegeben.

Der Generalisierungskoeffizient zeigt, dass sich die Performance des Grundmodells um 24,34 % verschlechtert, während das stochastische Modell auf denselben Teststrecken lediglich eine Verschlechterung von 5,85 % zeigt.

Tabelle 4.3: Bewertungskriterien der Fahrermodelle

	Grundmodell	Stochastisches Modell
$MAE_{0.5}$ $[km/h]$	1,09	0,51
MAE_{min} $[km/h]$	0,34	0,19
σ_{α_p} $[\%]$	28,22	22,98
σ_{a_b} $[m/s^2]$	12,81	8,88
R_{gen} $[\%]$	24,34	5,85

4.3 Modellierung eines Hochdynamikfahrers

Dieser Abschnitt behandelt die Modellierung und Analyse verschiedener Fahrermodelle mit dem Ziel, ein gezieltes Driftverhalten in Kurven bei einem vorgegebenen Schwimmwinkel zu realisieren. Ausgangspunkt der Modellierung ist die Analyse des Querdynamikverhaltens eines Fahrzeugs anhand eines Einspurmodells. Darauf aufbauend werden zwei Ansätze zur Regelung des Driftverhaltens umgesetzt: einer basierend auf lernbasierten Methoden und ein weiterer unter Verwendung klassischer Regelungstechnik.

Driften ist allgemein als bewusst eingeleitetes Übersteuern eines Fahrzeugs bekannt. Dabei rotiert die Fahrzeuglängsachse weiter in die Kurve hinein, als es der Kurvenradius vorgibt. Das Fahrzeug wird in diesem Zustand gehalten, sodass es sich seitlich zur Längsachse bewegt. Die Orientierung der Vorderräder bestimmt dabei die Bewegungsrichtung.

Um einen Drift einzuleiten, muss das Kraftpotenzial der Hinterräder überschritten werden, wodurch die Haftung der Hinterachse verloren geht und sich das Fahrzeug querstellt. Das Einstellen und Halten eines Schwimmwinkels erfolgt in der Regel durch eine Anpassung des Schlupfs an der Hinterachse, die über die Gaspedalstellung reguliert wird. Zum Beenden des Drifts werden Schlupf und Lenkwinkel sukzessive reduziert, bis das Fahrzeug am Kurvenausgang wieder einen stabilen Fahrzustand erreicht. [132]

Die aktuelle Forschung beschäftigt sich bereits mit der Regelung dieses Zustandes. So haben Cai et al. einen RL-Fahrer für autonome Driftmanöver in einer Simulations Umgebung trainiert und evaluiert [133]. Ein weiterer lernbasierter Ansatz wird in [134] vorgestellt. Der entwickelte Fahrer wird zudem auf einem Modellauto getestet. In realen Fahrzeugen werden hingegen Methoden der klassischen Regelungstechnik [135] oder prädiktive Regelung mittels modellprädiktiver Regelung (MPC, engl. *Model Predictive Control*) [136] genutzt.

Das im Folgenden untersuchte Fahrzeugmodell basiert auf einem heckgetriebenen Sportwagen ohne Handbremse. Die Fahrbahn wird mit einem Reibungskoeffizienten von $\mu = 0,4$ modelliert. Dieser niedrige Reibungskoeffizient vereinfacht die Regelung, da er eine ausreichende Haftung bietet, um das Fahrzeug zu kontrollieren, ohne die Regelung durch zu starke Reibungskräfte oder abruptes Verhalten bei Übergängen zwischen Haft- und Gleitreibung zu erschweren.

4.3.1 Analyse des Einspurmodells

Die Beschreibung der Querdynamik eines Fahrzeugs erfordert eine Modellierung in Abhängigkeit von der Querbeschleunigung. Bei geringen Querbeschleunigungen genügt in der Regel ein lineares Einspurmodell zur Simulation von Manövern. In Extremsituationen wie dem Drift treten hingegen hohe Querbeschleunigungen auf, wodurch das Fahrzeugverhalten stark nichtlinear wird. [137] Ein Beispiel dafür ist die Abhängigkeit der Längskraft eines Reifens vom Schlupf. Bei geringen Schlupfwerten verhält sich diese Beziehung näherungsweise linear. Wird jedoch ein kritischer Schlupf überschritten, nimmt die Längskraft wieder ab, wodurch das Verhalten nichtlinear wird. [138]

Daher wird im Folgenden ein nichtlineares Einspurmodell betrachtet. Die Analyse dieses Modells vor der Reglerauslegung liefert Erkenntnisse zu Grenzwerten, Gleichgewichtszuständen und möglichen Regelungsstrategien. In der Forschung wurden bereits mehrere Studien zu den Fahrzeugzuständen während des Drifts durchgeführt [139–141].

Die Größen zur Charakterisierung eines Fahrzustands in einem nichtlinearen Einspurmodells sind in Abbildung 4.5 aufgeführt. In diesem Modell sind beide Räder einer Achse in einem Rad zusammengefasst und das Fahrzeug fährt mit der Geschwindigkeit v entlang einer Kreisbahn mit dem Radius R. Die zeitliche Änderung der Fahrzeugausrichtung in der Ebene beschreibt die Gierrate $\dot{\psi}$. Der Schwimmwinkel β gibt den Winkel zwischen Fahrzeuggeschwindigkeit und Fahrzeuglängsachse an und kennzeichnet damit das Eindrehen des Fahrzeugs im Drift. Über die Schräglaufwinkel an Vorder- und Hinterachse ($\alpha_{v,h}$) wird das Fahrverhalten hinsichtlich eines unter- oder übersteuernden Zustands beschrieben. Am Vorderrad hängt der Schräglaufwinkel zusätzlich vom Lenkwinkel δ ab, da dieser die Orientierung des Rades gegenüber der Fahrzeuglängsachse vorgibt. Formal ergeben sich die Schräglaufwinkel jeweils als Winkel zwischen der Reifenlängsrichtung und dem Geschwindigkeitsvektor des Reifens ($v_{v,h}$). Die am Reifen angreifenden Kräfte in Längs- und Querrichtung ($F_{xv}, F_{xh}, F_{yv}, F_{yh}$) entstammen einem Reifenmodell. Zusätzlich ist die Geometrie des Fahrzeuges über die Achsabstände zum Fahrzeugschwerpunkt $l_{v,h}$ beschrieben.

Die aus einer kinetischen Betrachtung entstehende Gleichungssystem eines Einspurmodell ist in [138] beschrieben. Neben den Grundgleichungen des Einspurmodells kommt dabei ein Pacejka-Reifenmodell zum Einsatz. Zur Analyse des Querdynamikverhaltens eines Fahrzeugs während eines Drifts eignet sich insbesondere die

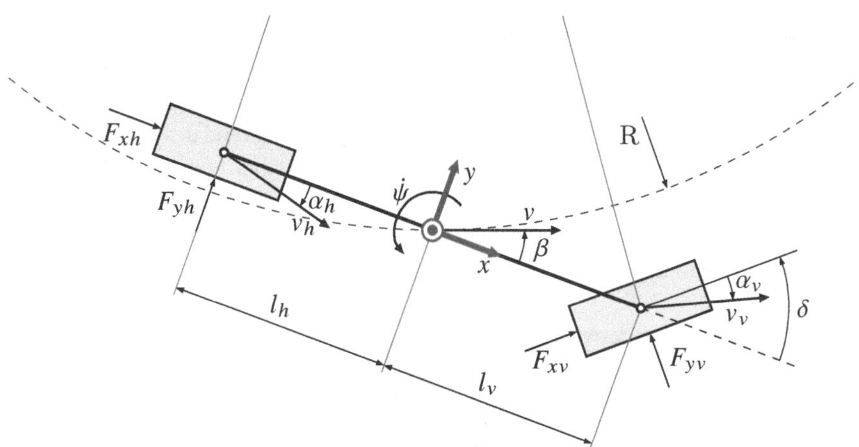

Abbildung 4.5: Einspurmodell eines Fahrzeugs

Untersuchung des quasi-stationären Drifts. In diesem stationären Zustand bewegt sich das Fahrzeug auf einer Kreisbahn mit konstanter Geschwindigkeit und konstantem Schwimmwinkel. Die drei Differentialgleichungen des Einspurmodells sowie die Differentialgleichung des Drallsatzes an der Hinterachse werden dabei unter den Randbedingungen

$$\dot{v} = \dot{\beta} = \ddot{\psi} = 0 \qquad \text{Gl. 4.11}$$

umgestellt, sodass ein Gleichungssystem aus vier Gleichungen mit sechs unbekannten Variablen entsteht. Die sechs Variablen sind der Schlupf s, der Lenkwinkel δ, der Schwimmwinkel β, das Antriebsmoment an der Hinterachse M_h die Geschwindigkeit v sowie die Krümmung κ. Das System ist daher zweifach unbestimmt, wobei eine Lösung durch Festlegung von zwei Variablen möglich ist.

Dieses Gleichungssystem kann aufgrund der Nichtlinearität des Einspur- und Reifenmodells nur numerisch gelöst werden. Für die Lösung der Gleichungen wird der Partikelschwarm-Algorithmus [142] verwendet. Bei jedem festgelegten Paar von Schwimmwinkel und Krümmung werden die restlichen Variablen variiert, sodass der Fehler

$$f = |\dot{v}| + |\dot{\beta}| + |\ddot{\psi}| \qquad \text{Gl. 4.12}$$

minimiert wird. Auf diese Weise entstehen vier Kennfelder, die den Schlupf, den Lenkwinkel, die Geschwindigkeit und das Antriebsmoment an der Hinterachse in Abhängigkeit von der Krümmung und dem Schwimmwinkel darstellen.

In Abbildung 4.6 ist eines der vier Kennfelder exemplarisch für das untersuchte Fahrzeug dargestellt. Auf der Y-Achse ist die Krümmung logarithmisch aufgetragen, um die Veränderung der Geschwindigkeit bei niedriger Krümmung bzw. hohen Kurvenradien besser darzustellen. Die Geschwindigkeit während des Drifts ist somit hauptsächlich vom Kurvenradius abhängig. Besonders bei hohen Kurvenradien nimmt die Geschwindigkeit stark zu. Im Gegensatz dazu bleibt die Geschwindigkeit in Bezug auf den Schwimmwinkel nahezu konstant, mit einem leichten Anstieg bei niedrigen Schwimmwinkeln.

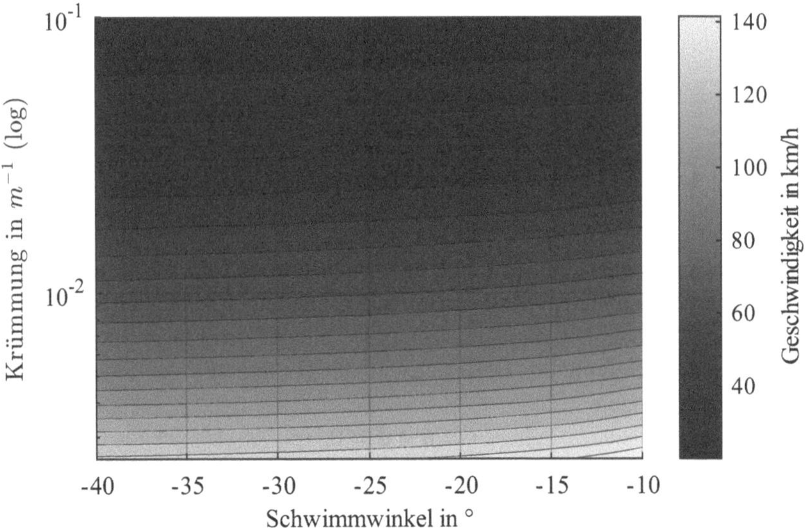

Abbildung 4.6: Kennfeld der Fahrzeuggeschwindigkeit in Abhängigkeit vom Schwimmwinkel und der Krümmung des quasistationären Drifts

4.3.2 Reinforcement Learning

Die Modellierung des RL-Hochdynamikfahrers basiert auf dem in Abschnitt 4.2 beschriebenen Framework. Für die Durchführung eines Drifts ist jedoch eine komplexere Modellierung im Vergleich zum Grundmodell (vgl. Abschnitt 4.2.1) nötig. Aus diesem Grund werden nachfolgend die modifizierten Elemente von Action und State Space, Fahrzeug, Strecke sowie der Reward Function erläutert. Die Ergebnisse beruhen auf einer im Rahmen dieser Arbeit umgesetzten Masterthesis [138].

Action Space

Das Verhalten eines Fahrers während eines Drifts unterscheidet sich erheblich vom Verhalten während der normalen Fahrt. Um die Komplexität der Fahrermodellierung zu reduzieren, besteht die Hauptaufgabe des RL-Fahrermodells darin, einen Drift auf driftbaren Trajektorien umzusetzen. Daher umfasst der Action Space als Eingabe lediglich die Fahrpedalstellung, wobei dem Fahrer keine Möglichkeit zur Betätigung der Bremse eingeräumt wird. Ein Bremsvorgang würde das Fahrzeug in der Regel wieder in einen stabilen Zustand überführen, weshalb diese Erkenntnis dem Fahrer bereits vor dem Training vermittelt wird. Zudem hat der Fahrer die Möglichkeit, über eine zweite Action den Lenkwinkel des Fahrzeugs anzupassen.

Der Algorithmus DDPG addiert den Actions während der Trainingsphase ein Rauschen hinzu. Dadurch entstehen häufig Policys, die selbst verrauschte Actions wählen. [143] In der Anwendung sind diese Actions jedoch meist nicht umsetzbar oder führen zu Schäden an der Hardware. Daher begrenzt der Action Space die Action anhand der Änderungsrate

$$\dot{a}_{\mathrm{t}} = \frac{a_{\mathrm{t}} - a_{\mathrm{t-1}}}{\Delta t}, \qquad \text{Gl. 4.13}$$

wobei Δt das Abtastintervall des Fahrermodells ist. Der Ausgang wird schließlich unter Berücksichtigung einer parametrierbaren maximalen Änderungsrate $\dot{a}_{max}$ begrenzt.

$$a_{\mathrm{t}} = \begin{cases} a_{\mathrm{t-1}} + \dot{a}_{\mathrm{max}} \cdot \Delta t \cdot \operatorname{sgn}(\dot{a}_{\mathrm{t}}) & \text{wenn } |\dot{a}_{\mathrm{t}}| \geq |\dot{a}_{\mathrm{max}}| \\ a_{\mathrm{t}} & \text{sonst} \end{cases} \qquad \text{Gl. 4.14}$$

Strecke und Fahrzeug

Das Fahrzeugmodell beruht auf dem bereits beschrieben Einspurmodell (vgl. Abschnitt 4.3.1) und wird lediglich um das Motorkennfeld aus dem Punktmassenmodell (vgl. Abschnitt 4.2.1) erweitert. Basierend auf den Eingängen Fahrpedalstellung und Lenkwinkel wird in diesem Modell der Fahrzeugzustand berechnet und an den State Space weitergeleitet.

Zum Training des Fahrermodells sind zwei Streckentypen vorhanden. Beide Typen beinhalten Trajektorien, die die x- und y-Position, den Schwimmwinkel, die Geschwindigkeit, die Gierrate, die Krümmung sowie den Kurswinkel enthalten. Die Unterscheidung liegt in der Art der Generierung und dem Ziel im Trainingsprozess.

Der erste Streckentyp basiert auf den stationären Lösungen des Einspurmodells. Die daraus resultierenden Kreise mit konstantem Radius werden im Lernprozess verwendet, um einen Drift bei konstantem Schwimmwinkel aufrechtzuerhalten. Durch die Variation der Krümmung und des Schwimmwinkels können mehrere Strecken in das Training integriert werden.

Das Ziel des zweiten Streckentyps ist das Erlernen des Ein- und Ausleitens sowie das Umsetzen des Drifts. Die Erstellung dieser Trajektorien erfolgt mithilfe eines selbstentwickelten Programms, das das Framework verwendet, um menschliche Eingaben über einen Controller zu erfassen und den Fahrzeugzustand anschließend zu visualisieren. Auf diese Weise können Trajektorien manuell erstellt werden, wobei sichergestellt wird, dass diese auch fahrbar sind. Für das gesamte Training stehen acht manuell erstellte Strecken zur Verfügung.

Während des Trainings können mehrere Streckentypen hinterlegt werden, sodass der Agent verschiedene Strecken mit unterschiedlichen Zielen im Verlauf des Trainings betrachtet.

State Space

Die States des RL-Hochdynamikfahrers setzen sich einerseits aus den Referenzwerten der Strecke zusammen, die der Fahrer einhalten soll, und andererseits aus den Informationen, die ein menschlicher Fahrer zur Beurteilung des aktuellen Fahrzeugzustands wahrnimmt.

Die Referenzwerte der Strecke umfassen die Geschwindigkeit, den Schwimmwinkel, die Position, die Gierrate und den Kurswinkel. Da die Fahrzeugbewegung verzögert auf die Betätigung des Fahrpedals und des Lenkrades folgt, benötigt der Agent, ähnlich wie ein menschlicher Fahrer, neben den aktuellen Referenzwerten auch zukünftige Referenzwerte. Da die Strecke distanzbasiert vorgegeben ist, kann zu Beginn des Trainings festgelegt werden, wie viele zukünftige Referenzwerte und in welchem Abstand diese verwendet werden.

Neben den Referenzwerten umfasst der State Space auch die aktuellen Werte der Referenzgrößen. Zusätzlich werden die Ableitungen sowie projizierte Zukunftswerte – die bei Beibehaltung der aktuellen Aktionen in der nächsten Sekunde erreicht werden würden – der Geschwindigkeit und des Schwimmwinkels integriert, um dem Agenten einen zeitlichen Bezug zu bieten. Zwar könnte der Agent die projizierten Größen theoretisch aus den anderen States selbst berechnen, jedoch zeigen Versuche, dass diese Zustandsgrößen den Lernprozess beschleunigen.

Um dem Fahrer ein Feedback zum aktuellen Fahrzeugzustand zu übermitteln, sind zwei für den Drift wichtige Zustandsgrößen – der Schlupf an der Hinterachse und die Querkraft an der Vorderachse – im State Space enthalten. Ebenso dient die Schwimmwinkelabweichung, die mit dem Vorzeichen der Querkraft an der Hinterachse behaftet ist, dazu, einen Zusammenhang zum benötigten Schlupf für den Drift herzustellen. Eine Auflistung aller States und deren Berechnungsvorschriften ist in Tabelle A.3 dargestellt. Insgesamt beinhaltet der State Space 24 Größen.

Reward Function

Die Reward Function des RL-Hochdynamikfahrers hat vier Bestandteile, wobei die Referenzwerte der Strecke mit dem aktuellen Fahrzeugzustand verglichen werden. Für jeden Bestandteil wird ein eigener Reward r_i errechnet, welcher mittels eines Skalierungsfaktors λ_i in den Gesamtreward r_{ges} einfließt. Die betrachteten Größen umfassen die Geschwindigkeit, den Schwimmwinkel, die Position und den Kurswinkel.

$$r_{ges} = \frac{1}{\sum_i \lambda_i} \sum_i r_i \cdot \lambda_i \qquad \text{Gl. 4.15}$$

Jeder individuelle Reward setzt sich aus drei Komponenten zusammen. Die Berechnung des absoluten individuellen Rewards basiert auf einer angepassten Cauchy-Verteilung [144] mit den Parametern a, b und der Abweichung zwischen Referenzwert und aktuellem Wert Δx_i. Ziel dieses Teilrewards ist die Bewertung der Abweichung vom Referenzwert und die gleichzeitige Normierung des Wertes auf einen festgelegten Wertebereich.

$$r_{\mathrm{abs},i} = \frac{1}{1 + |\frac{\Delta x_i}{a}|^{2b}} \qquad \text{Gl. 4.16}$$

Die zweite Komponente ist der relative individuelle Reward, der die Annäherung an den Referenzwert im Vergleich zum letzten Reward widerspiegelt. Die Skalierung $\lambda_{\mathrm{rel},i}$ der individuellen Rewards wird durch eine Analyse der Rewards während des Traingingsvorgangs ermittelt.

$$r_{\mathrm{rel},i} = \left(|\Delta x_{i,t-1}| - |\Delta x_{i,t}|\right) \cdot \lambda_{\mathrm{rel},i} \qquad \text{Gl. 4.17}$$

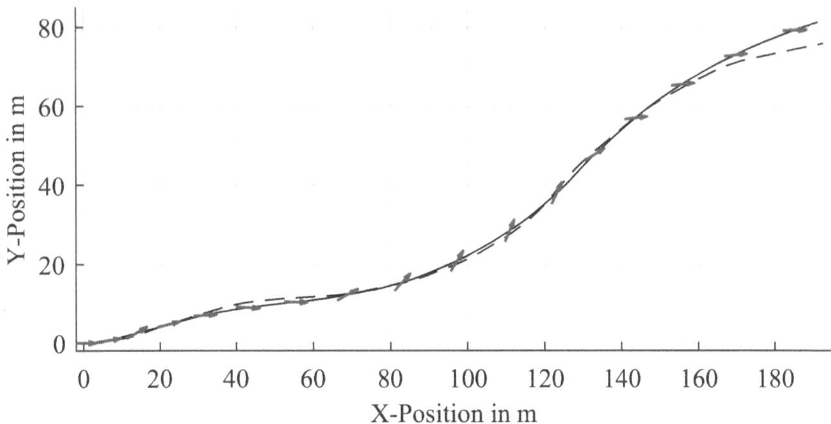

Abbildung 4.7: Evaluationsstrecke mit Position und Orientierung des Fahrzeugs unter Steuerung des RL-Hochdynamikfahrers

Schließlich dient der Gewichtungsfaktor χ_i zur Gewichtung zwischen absolutem und relativem Reward. Über die Gewichtung wird sichergestellt, dass der Reward bei der Abweichung $\Delta x_i = 0$ maximal ist. Die verwendete Parametrierung gewichtet den absoluten Reward mit einem minimalen Wert von 0,7 gegenüber dem relativen Reward.

$$r_i = \chi_i \cdot r_{\text{abs},i} + (1 - \chi_i) \cdot r_{\text{rel},i}, \quad \text{mit} \quad \chi_i = 0.7 + 0.3 \cdot r_{\text{abs},i} \qquad \text{Gl. 4.18}$$

Evaluation des RL-Hochdynamikfahrers

Die Evaluierung des Fahrers findet auf einer Strecke statt, die ebenfalls im Training enthalten ist. Der Verlauf der Strecke ist in Abbildung 4.7 mit den Referenzwerten als gestrichelte Linie dargestellt. Die Pfeile deuten dabei die Ausrichtung des Fahrzeuges während des Abfahrens der Strecke an. Die Strecke besteht aus zwei S-Kurven, die zunächst mit einer Linkskurve beginnen. Im Allgemeinen kann das Fahrermodell den Positionsvorgaben folgen, wobei die größte Abweichung von 7,36 m beim Ausleiten des zweiten Drifts zum Ende der Strecke (X-Position >180 m) auftritt. Obwohl Strecken, auf denen Drifts ausgeführt werden, in der Regel breit sind, kann eine Abweichung dieser Größenordnung dazu führen, dass das Fahrzeug die Fahrbahn verlässt. Abbildung 4.8 stellt die Führungsgrößen Geschwindigkeit und Schwimmwinkel sowie die Actions Fahrpedalstellung und

Lenkwinkel des RL-Hochdynamikfahrermodells während des Drifts in der S-Kurve dar.

Zu Beginn des Manövers leitet das RL-Hochdynamikfahrermodell den Drift durch das Einlenken in die Kurve in Kombination mit einem Gasstoß ein. Im Anschluss reduziert das Modell die Fahrpedalstellung und lenkt gegen die Kurvenrichtung, bis es zum Ausleiten des Drifts das Fahrpedal wieder anpasst. Dieses Verhalten entspricht dem einer typischen Fahrweise eines menschlichen Fahrers.

Durch die manuelle Erzeugung der Strecke weist die Schwimmwinkeltrajektorie Unregelmäßigkeiten auf, sodass ein exaktes Folgen der Trajektorie nicht erforderlich ist. Dennoch erreicht der Schwimmwinkel in der ersten S-Kurve deutlich niedrigere Werte als in der Referenz, was dazu führt, dass die Geschwindigkeit des Fahrzeugs stärker ansteigt als in der Referenz.

Die zweite S-Kurve (65 m-190 m) wird vom Modell wieder mit drifttypischen Aktionen eingeleitet. In dieser Kurve wird auch der Referenzwert des Schwimmwinkels erreicht. In der Vorgabe wurden die beiden Kurven jedoch nicht als zusammenhängender Drift gefahren, da der geringe Schwimmwinkel zwischen 130 m und 140 m eine normale Fahrt impliziert. Das RL-Hochdynamikfahrermodell leitet den Drift jedoch langsamer aus, sodass das Modell statt eines kontrollierten Ein- und Ausleitens einen Flick des Fahrzeugs ausführt. Bei einem Flick wird die Richtung des Fahrzeugs durch abruptes Lenken geändert. Dadurch wird das Fahrzeug in die entgegengesetzte Richtung des aktuellen Drifts bewegt, was zu einem schnellen Richtungswechsel führt.

4.3.3 Klassische Regelungstechnik

Parallel zum RL-Hochdynamikfahrermodell wurde im Rahmen dieser Arbeit ein zweites Fahrermodell entwickelt, das auf dem bisherigen Fahrermodell des Antriebsstrangprüfstands für die normale Fahrt aufbaut. Das bisherige Fahrermodell besteht aus zwei Reglern, die die Quer- und Längsdynamik des Fahrzeugs über die Stellgrößen Fahrpedalstellung bzw. Bremsverzögerung und Lenkradwinkel steuern. Die Struktur dieses Regelungssystems ist in Abbildung 4.9 abgebildet.

Die Querdynamik des Fahrzeuges wird über parallele P-Regler mit einer Vorsteuerung und den Führungsgrößen Querabweichung e_y sowie Kurswinkelabweichung e_ν geregelt. Da der Lenkradwinkel im Allgemeinen nicht-linear mit dem Lenkein-

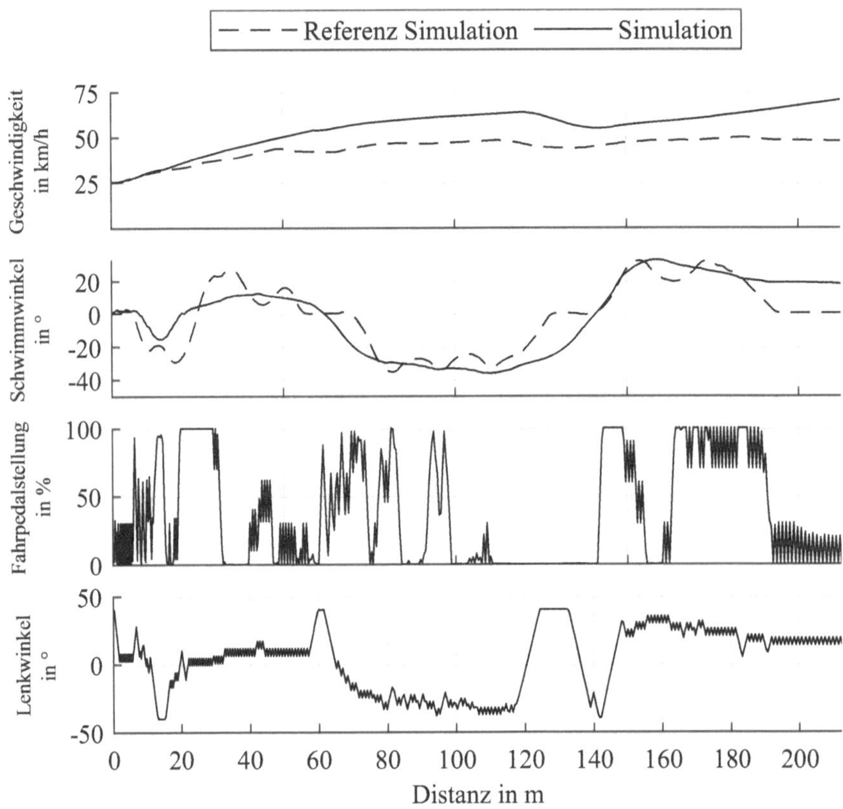

Abbildung 4.8: Führungs-, Regel- und Stellgrößen des RL-Hochdynamikfahrers

schlag an den Rändern verbunden ist, sorgt eine inverse Kennline der Lenkübersetzung für eine Linearisierung des Reglers.

Der Regler für die Längsdynamik besteht aus zwei PI-Reglern mit Vorsteuerung. Dabei regelt ein PI-Regler die Fahrpedalstellung, während der andere PI-Regler die Bremsverzögerung regelt. Über einen Zustandsautomaten mit einer Hysterse kann das Fahrermodell zwischen Beschleunigen und Verzögern unterscheiden. Analog zur Querdynamikregelung erfolgt auch die Linearisierung der Längsdynamik durch die Anwendung eines inversen Motorkennfeldes, wodurch der Beschleunigungsregler ein Drehmoment regelt. Für den Bremsvorgang entfällt die Verwendung eines

Kennfeldes. Als Führungsgröße dient für beide Regler die Geschwindigkeitsabweichung. [120]

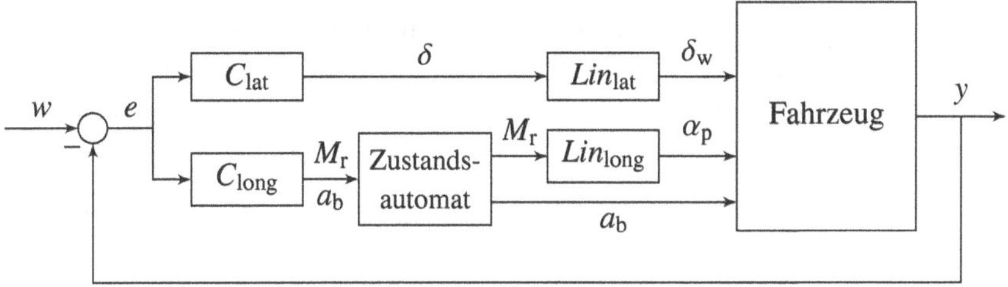

Abbildung 4.9: Regelkreis des Fahrermodells des Antriebsstrangprüfstands nach [120]

Querdynamik

Das Fahrermodell betrachtet im Hochdynamikmodus neben der Position und Orientierung auch den Schwimmwinkel des Fahrzeuges. Dafür ist eine weitere Führungsgröße des Querdynamikreglers die Schwimmwinkelabweichung e_β. Des Weiteren ändert sich die Vorsteuerung ab Erreichen eines festen Referenzschwimmwinkels β_{ref}. In der normalen Fahrt wird die Beziehung $\delta_{\mathrm{vst}} = \kappa \cdot L$ mit dem Radstand L genutzt, wohingegen während des Drifts die Vorsteuerung mittels der Gleichgewichtszustände des Einspurmodells über die Referenzwerte des Schwimmwinkels und der Krümmung berechnet wird. Die Reglervorschrift mit den Regelparametern K_i ist in Gleichung 4.19 aufgeführt.

$$\delta = \begin{bmatrix} K_{e_y}(\sigma_{\mathrm{D}}) & K_\beta(\sigma_{\mathrm{D}}) & K_\nu \end{bmatrix} \begin{bmatrix} e_y \\ e_\beta \\ e_\nu \end{bmatrix} + \delta_{\mathrm{vst}}(\beta_{\mathrm{ref}}, \kappa_{\mathrm{ref}}) \qquad \text{Gl. 4.19}$$

Die Schwimmwinkelabweichung spielt während der normalen Fahrt keine wesentliche Rolle für die Regelung, da sie keine entscheidenden Informationen zur Fahrzeugführung liefert. Ebenso ist die Minimierung der Querabweichung im Hochdynamikmodus von untergeordneter Bedeutung. Durch die Reduktion auf zwei Führungsgrößen wird die Reglerauslegung vereinfacht, was eine effizientere Parametrierung ermöglicht und eine gegenseitige Beeinflussung der Regler minimiert.

Die Umschaltung zwischen beiden Modi erfolgt über einen Gain-Scheduling Ansatz. Dazu ist ein Driftstatus σ_D, der angibt ob eine Kurve gedriftet werden kann, Bestandteil der Trajektorie. Um einen abrupten Wechsel und damit Sprünge in der Stellgröße zu verhindern, werden die Reglerparameter mit dem Faktor ϵ_i multipliziert. Gleichung 4.20 zeigt die Berechnung der Faktoren, in welcher T die Dauer der Umschaltung und t_0 den Zeitpunkt des letzten Zustandswechsels beschreibt.

$$\epsilon_{e_y}(t) = \begin{cases} 1 - \frac{t-t_0}{T}, & \text{wenn } \sigma_D = 0 \\ \frac{t-t_0}{T}, & \text{wenn } \sigma_D = 1 \end{cases} \quad \text{und} \quad \epsilon_\beta(t) = 1 - \epsilon_{e_y}(t) \qquad \text{Gl. 4.20}$$

Längsdynamik

Die Regelung der Längsdynamik während des Drifts basiert ausschließlich auf dem Schwimmwinkel als Führungsgröße. Aus diesem Grund wird der bestehende Zustandsautomat um einen zusätzlichen Zustand erweitert. Neben den bestehenden Zuständen Beschleunigung und Verzögerung kann über den Driftstatus der Hochdynamikzustand aktiviert werden.

Die Regelstruktur für den Hochdynamikmodus basiert auf einem PD-Regler mit Vorsteuerung und dem Schwimmwinkel als Führungsgröße. Die Vorsteuerung ist analog zum Querdynamikteil und basiert auf den Gleichgewichtszuständen des Einspurmodells.

$$M_R = -\operatorname{sgn}(\alpha_h)\begin{bmatrix} K_\mathrm{P} & K_\mathrm{D}(\kappa) \end{bmatrix} \begin{bmatrix} e_\beta \\ e_{\dot\beta} \end{bmatrix} + M_\mathrm{vst}(\beta_\mathrm{ref}, \kappa_\mathrm{ref}) \qquad \text{Gl. 4.21}$$

Der Verstärkungsfaktor des D-Anteils ist zudem abhängig von der aktuellen Krümmung und wird mit dem in Gleichung 4.22 berechneten Faktor $\epsilon_{\dot\beta}$ multipliziert. Die Berechnung reduziert den Anteil für kleine Kurvenradien, da die Seitenführungskräfte bei kleinen Radien höher sind und damit die Haftgrenze schneller erreicht wird.

$$\epsilon_{\dot\beta}(\kappa) = \begin{cases} 1, & 0 \leq \kappa \leq 0.01\,\mathrm{m}^{-1} \\ -11\kappa + 1.11, & 0.01 \leq \kappa \leq 0.1\,\mathrm{m}^{-1} \end{cases} \qquad \text{Gl. 4.22}$$

Evaluation des Hochdynamikfahrers

Zur Evaluation des Hochdynamikfahrers wird eine Teststrecke mit einer S-Kurve genutzt, die zwei Möglichkeiten zum gezielten Driften bietet. Die Regelparameter für die Längs- und Querdynamik wurden mittels eines Optimierungsalgorithmus [142] speziell für diese Strecke optimiert und sind in Tabelle 4.4 aufgeführt.

Tabelle 4.4: Reglerparameter des regelungstechnischen Hochdynamikfahrers

Reglerparameter	Wert	Einheit
$K_{e_y}(\sigma_D)$	7,00	°/°
$K_\beta(\sigma_D)$	5,00	°/°
K_v	10,00	°/m
K_P	823,26	Nm/°
K_D	246,42	$Nm/°s^{-1}$

Der Streckenverlauf sowie die Position und Orientierung des Fahrzeugs sind in Abbildung 4.10 dargestellt. Die Richtungspfeile verdeutlichen, dass das Fahrzeug in beiden Kurven im Drift ist. Zudem zeigt die Abbildung, dass der Fahrer der vorgegebenen Trajektorie mit geringen Abweichungen folgt, wobei die maximale seitliche Abweichung 0,53 m beträgt. Im regulären Straßenverkehr könnte eine solche Abweichung dazu führen, dass das Fahrzeug die Fahrbahnbegrenzung überschreitet oder in den Gegenverkehr gerät. Da diese Fahrmanöver jedoch typischerweise auf speziell vorgesehenen Handling-Kursen oder abgesperrten Teststrecken durchgeführt werden, ist die Abweichung aufgrund der breiteren Fahrbahnen tolerierbar. Dennoch sollte diese Abweichung bei der Erstellung der Referenztrajektorie berücksichtigt werden, indem ein Sicherheitsabstand von mindestens 0,53 m zur Fahrbahnbegrenzung eingeplant wird.

Im ersten Abschnitt der S-Kurve ist zu beobachten, dass der Fahrer zunächst nach rechts in die Kurve einlenkt und gleichzeitig die Fahrpedalstellung schnell erhöht (vgl. Abbildung 4.11). Dies führt zu einem gezielten Eindrehen des Fahrzeugs, woraufhin der Fahrer die Fahrzeugorientierung durch eine entgegengesetzte Lenkkorrektur stabilisiert. Während des Drifts bleibt der Lenkwinkel weitgehend konstant, während der Driftwinkel über die Fahrpedalstellung reguliert wird. Beide Kurvenabschnitte zeigen dabei ein ähnliches Verhalten.

Der *MAE* des Schwimmwinkels beträgt 0,94°, wobei die größten Abweichungen während der Ein- und Ausleitung des Drifts auftreten. Dabei ist erkennbar, dass das Fahrermodell den Drift in beiden Fällen verzögert einleitet. Da das Fahrermodell nicht vorausschauend handelt, sondern erst auf die aktuelle Fahrsituation reagiert,

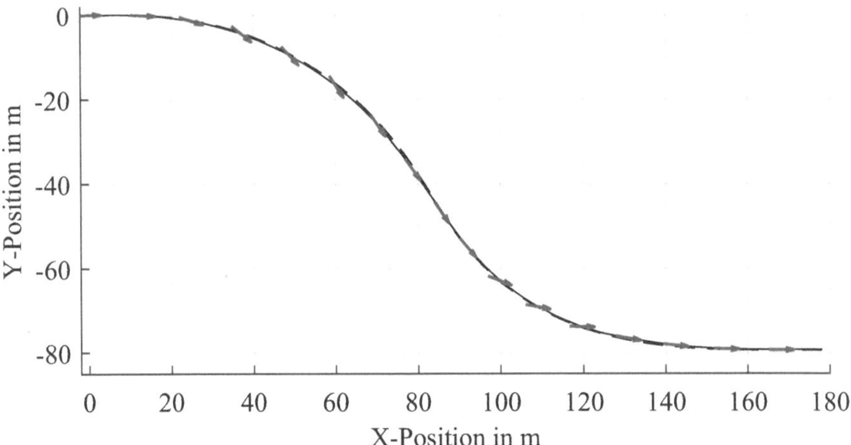

Abbildung 4.10: Evaluationsstrecke mit Position und Orientierung des Fahrzeugs unter Steuerung des Hochdynamikfahrers

erfolgt das Einlenken verzögert. Zusätzlich führt die hohe Fahrzeugmasse zu einer trägen Drehbewegung. Eine mögliche Verbesserung bietet der Einsatz prädiktiver Regelungsverfahren, wie beispielsweise MPC.

Zudem basiert die Referenztrajektorie auf einem Algorithmus, welcher die Modellierung des Schwimmwinkels während der Ein- und Ausleitungsphasen lediglich approximiert. Daher ist insbesondere der Vergleich in den Phasen mit maximalem Schwimmwinkel relevant, in denen eine hohe Übereinstimmung zwischen Referenz und Simulation zu erkennen ist.

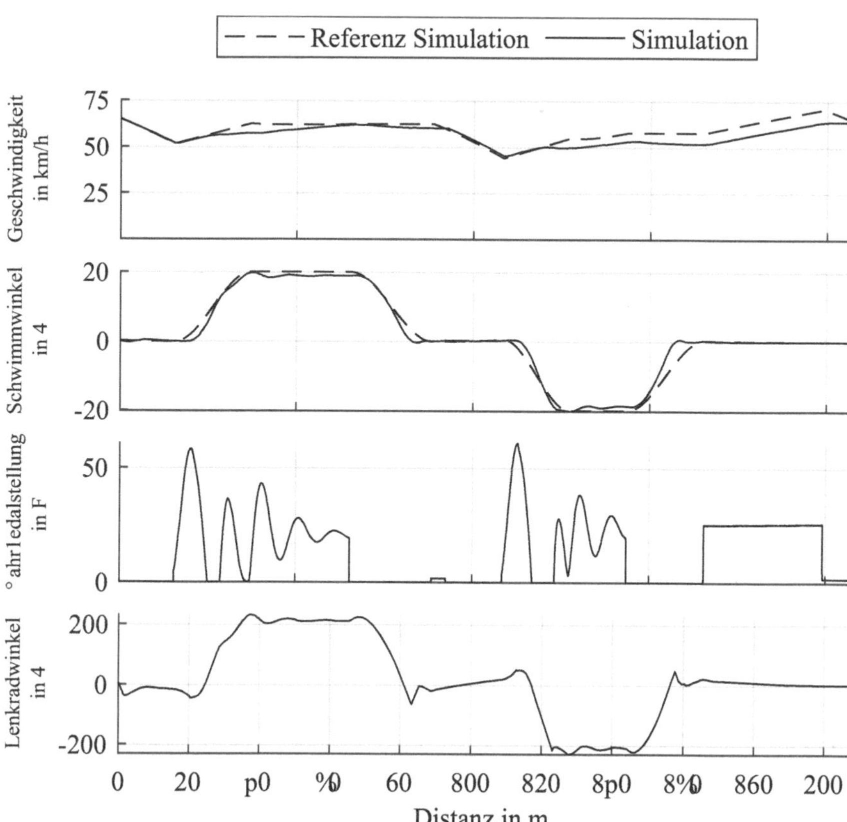

Abbildung 4.11: Führungs-, Regel- und Stellgrößen des Hochdynamikfahrers

5 Anwendung der Methode zur Integration eines Drift-Fahrers

Das folgende Kapitel behandelt die DS-II im Kontext der DRM. Der Aufbau folgt der in Kapitel 3 beschriebenen Methode zur Virtualisierung von Arbeitsprozessen eines Antriebsstrangprüfstands unter Verwendung eines digitalen Zwillings. Zunächst wird ein initialer digitaler Zwilling auf Basis eines in dieser Arbeit untersuchten Prüfstands konzipiert (Abschnitt 5.1). Anschließend wird die beschriebene Methode genutzt, um einen hochdynamischen Fahrer in die Echtzeitsimulation des Prüfstands zu integrieren (vgl. Abschnitt 4.3). Ziel dieser Untersuchung ist die Erweiterung des Erprobungsrepertoires des Prüffelds durch ein neues Testszenario. Dabei wird ein Handlingkurs gefahren, bei dem die Kurven gezielt im Drift durchfahren werden.

Im Rahmen der Anwendungsanalyse (Abschnitt 5.2) werden die funktionalen Anforderungen an den operativen digitalen Zwilling systematisch identifiziert. Basierend auf diesen Erkenntnissen erfolgt dessen Konfiguration in Abschnitt 5.3. Der anschließende Einsatz des operativen digitalen Zwillings sowie die experimentellen Ergebnisse der Umsetzung am Prüfstand werden in Abschnitt 5.4 dokumentiert. Die Methode wird in Abschnitt 5.5 mit der Reintegration des operativen digitalen Zwillings beendet. Abschließend erfolgt in Abschnitt 5.6 eine Bewertung der Methode, um deren Anwendbarkeit und Effektivität zu analysieren.

5.1 Aufbau des initialen digitalen Zwillings

Der Aufbau des initialen digitalen Zwillings ist der erste Schritt der Methode und erfolgt einmalig als vorgelagerte Phase. Im Gegensatz zu den nachfolgenden Schritten, die auf spezifische Einsatzszenarien oder Erprobungen ausgerichtet sind, liegt der Fokus auf der Implementierung der Architektur des digitalen Zwillings (vgl. Abbildung 2.9), um eine allgemeingültige Basis für spätere Einsätze und Erweiterungen zu schaffen. In diesem Zusammenhang werden im Folgenden die virtuellen Modelle, digitalen Schatten sowie die zugehörigen Dienste anhand des

J. Schilling, *Digitaler Zwilling zur Virtualisierung von Arbeitsprozessen am Powertrain-in-the-Loop-Prüfstand*, Wissenschaftliche Reihe Fahrzeugtechnik Universität Stuttgart, https://doi.org/10.1007/978-3-658-51020-6_5

in Tabelle 3.7 beschriebenen Aufbaus modelliert und beschrieben. Abschließend erfolgt eine Validierung des initialen digitalen Zwillings.

5.1.1 Virtuelle Modelle

Die notwendigen Komponenten der virtuellen Modelle des initialen digitalen Zwillings umfassen ein mechanisches Antriebsstrangmodell zur Repräsentation des Testobjekts sowie ein Modell der Radmaschinen zur Abbildung der Prozessebene des Prüfstands. Die Modellierung der Verbindungsebene gewährleistet die Konsistenz der Schnittstellen zwischen den verschiedenen Modellen. Schließlich wird die Automatisierungsebene durch die Implementierung der Regelungsstrategien, der Simulation und des Versuchsablaufs abgebildet.

Die im Folgenden beschriebenen Modelle des initialen digitalen Zwillings wurden bereits in einer vorherigen Iteration der Methode entwickelt und eignen sich zur Beschreibung des initialen digitalen Zwillings, da sie eine typische Erprobung im PiL-Kontext, den Rundstreckenbetrieb, abbilden. Da für den Rundstreckenbetrieb bereits Messdaten des Prüfstands vorliegen, lässt sich die Funktionsweise des initialen digitalen Zwillings anhand dieser Daten validieren.

Mechanisches Antriebsstrangmodell

Das mechanische Antriebsstrangmodell des initialen digitalen Zwillings repräsentiert den Antriebsstrang eines heckangetriebenen, vollelektrischen Sportwagens. Die Auswahl dieses spezifischen Modells erfolgte aufgrund der Verfügbarkeit eines Antriebsstrangmodells aus einer vorherigen Simulation sowie der Verfügbarkeit von Messdaten eines Prüfstandsversuchs zur Validierung.

Die Hauptkomponenten des Antriebsstrangs umfassen den elektrischen Antriebsmotor, das Getriebe, das Differential sowie die entsprechenden Wellenverbindungen. Im Unterschied zu klassischen Mehrmassenmodellen des Fahrzeugantriebsstrangs, wie sie beispielsweise in [145] beschrieben werden, wird das Rad in der Prüfstandssimulation als integraler Bestandteil des Prüfstandsmodells betrachtet. Das zugrunde liegende Modell ist in Abbildung 5.1 als Mehrmassenschwinger visualisiert.

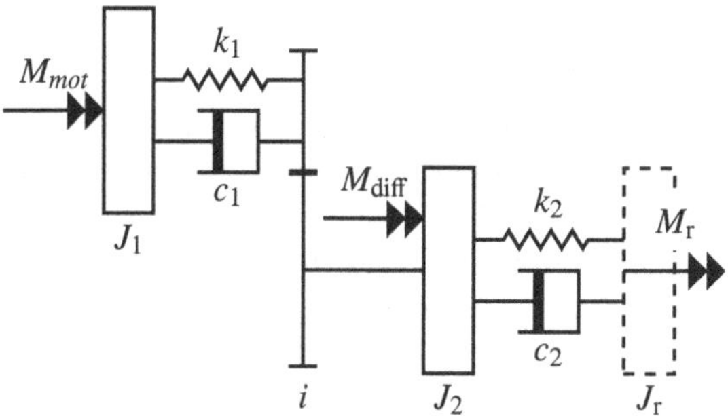

Abbildung 5.1: Mehrmassenschwingermodell eines elektrischen Antriebsstrangs

Die Modellierung des Motors des Antriebsstrangs erfolgt über ein Kennfeld, welches in Abhängigkeit von der Fahrpedalstellung α_{p}, der Bremsverzögerung a_{b} und der Drehzahl des Motors n_{mot} das Motordrehmoment M_{mot} bestimmt.

Die Trägheit des Motors sowie die mit der Getriebeeingangswelle verbundenen Trägheiten sind in der Massenträgheit J_1 zusammengefasst. Die mechanischen Eigenschaften der Getriebeeingangswelle werden durch die torsionale Steifigkeit k_1 und die Dämpfung c_1 beschrieben. Anschließend werden die Getriebe- und Differentialübersetzungen in der Gesamtübersetzung i kombiniert, wobei die Getriebeausgangswelle aufgrund ihrer hohen Steifigkeit als starr angenommen wird [146].

Die restlichen Trägheiten, die von der Getriebeausgangswelle bis zur Seitenwelle des Antriebsstrangs reichen, werden mithilfe der Formel für reduzierte Trägheiten in der Trägheit J_2 zusammengefasst. Die mechanischen Eigenschaften der Seitenwellen, einschließlich ihrer Steifigkeit k_2 und Dämpfung c_2, werden ebenfalls berücksichtigt.

Die Verteilung der Momente durch das Differential M_{diff} wird über das dynamische Reibmodell Lund-Grenoble (LuGre) [147] modelliert. Dieses dynamische Reibmodell beschreibt nichtlineare Reibungseffekte durch eine Kombination aus elastischer Verformung und viskoser Dämpfung, deren Grundlage ein Bürstenmodell ist. Für die Erstellung eines vollständigen Modells des Antriebsstrangs ist die Berücksichtigung des Massenträgheitsmoments der Räder erforderlich. Da die Räder am Antriebsstrangprüfstand nicht physisch vorhanden sind, sind die Ausgangsgrößen des Modells zwei Drehmomente am linken und rechten Rad M_{r}.

Radmaschinenmodell

Im Prüffeld existieren zwei unterschiedliche Regelungsansätze für die Radmaschinen (vgl. [29]). Obwohl sich diese Ansätze im physischen Aufbau unterscheiden, können sie in der Modellierung identisch abgebildet werden. Das Modell beschreibt die Systemdynamik durch die Differentialgleichung Gleichung 5.1, welche die Massenträgheit des Rades J_r, das Momentengleichgewicht $M(t)$ und die Drehgeschwindigkeit ω_r berücksichtigt.

$$\frac{d\omega_r}{dt} = \frac{M(t)}{J_r} \qquad \text{Gl. 5.1}$$

In der Radmaschine wird das Stellmoment durch die Steuerung erzeugt, wobei die Reaktion des Systems auf dieses Moment neben der Trägheit auch durch andere dynamische Effekte wie Reibung und Dämpfung verzögert wird. Zusätzlich entstehen durch die Regelung und Signalübertragung Latenzen. Diese Effekte können über Übertragungsfunktionen mit Totzeit abgebildet werden.

Im Zeitbereich existieren grundsätzlich verschiedene Ansätze zur Systemidentifikation. Mittels parametrierbarer Übertragungsfunkionen können sowohl die dynamischen Eigenschaften als auch die Totzeit des Regelkreises abgebildet werden. Die zentrale Idee der Identifikation im Zeitbereich besteht in der Auswertung der Systemantwort $y(t)$ auf eine Eingangsfunktion $u(t)$. Im vorliegenden Fall wird als Eingangsfunktion eine Sprungfunktion verwendet, da dafür ein umfangreicher Datensatz verfügbar ist. Konkret umfasst dieser Datensatz das Stellmoment M_{stell}, das gemessene Moment M_{akt} sowie die Drehzahl n_{akt}, welche mit einer Abtastfrequenz von 10 kHz erfasst sind.

Mit diesem a priori Wissen kann das typische Vorgehen zur Identifikation auf vier Schritte reduziert werden [148]:

1. Identifikation von Sprüngen in den Messdaten,
2. Auswahl geeigneter Messreihen,
3. Auswahl geeigneter Übertragungsfunktionen,
4. Schätzung der Parameter der Übertragungsfunktion

Identifikation von Sprüngen Die Identifikation der Sprungsignale in den Messdaten erfolgt durch eine Analyse des Eingangssignals M_{stell}. Dabei werden Veränderungen des Signals vom aktuellen Zeitschritt t zum nächsten Zeitschritt $t + 1$, welche über einem Schwellwert liegen, als Sprung gewertet. Anschließend wird ein kleiner Datensatz mit einer definierten Anzahl an Messpunkten vor und nach dem Sprung mit den zuvor genannten Messgrößen erstellt.

Auswahl der Messreihen Im zweiten Schritt werden die Messreihen einer Prüfung unterzogen und die nicht auswertbaren oder fehlerhaften Messreihen eliminiert. Als Kriterium zur Separation der Messreihen dienen Schwingungen im Ausgangssignal, welche die Schwelle von 50 % der Sprungamplitude oder 1000 Nm überschreiten. Darüber hinaus sind Messungen im Grenzbereich der Maschine und bei fehlerhaften Eingangssignalen für die Analyse ungeeignet. In Abbildung 5.2 werden exemplarisch Sprungantworten zweier unterschiedlicher Maschinentypen dargestellt. Die dargestellten Systemparameter umfassen die Totzeit T_{d}, die Anstiegszeit T_{r} sowie die Einschwingzeit T_{s}.

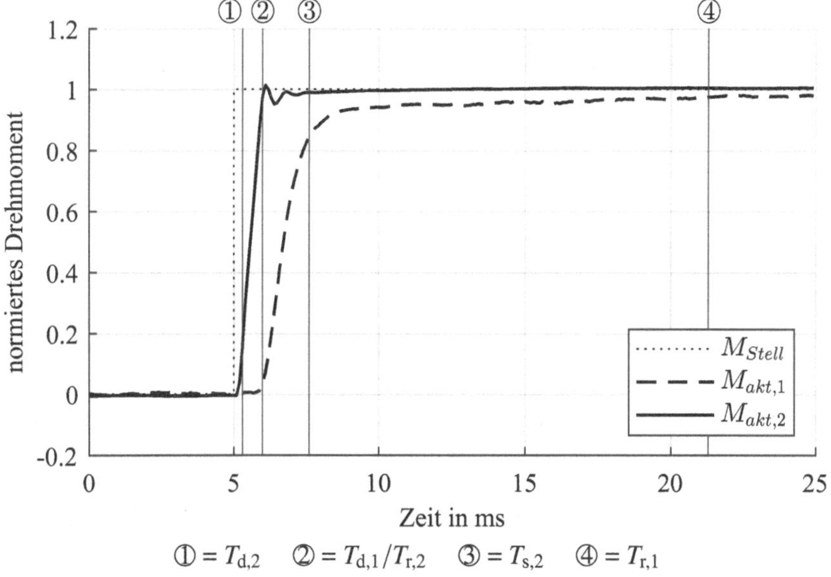

Abbildung 5.2: Normierte Sprungantwort der Radmaschinen mit identifizierten Systemparametern

Auswahl der Übertragungsfunktion In der Modellierung dynamischer Systeme werden häufig PT1- und PT2-Glieder eingesetzt, da sie die wesentlichen Verzögerungs- und Dämpfungseffekte vieler technischer Systeme mit relativ geringem Rechenaufwand hinreichend genau beschreiben. Ein PT1-Glied kann die Verzögerung des Systems aufgrund mechanischer Dämpfung abbilden. Das PT2-Glied erlaubt eine detaillierte Modellierung, die zusätzliche Dynamiken wie Resonanzen und Schwingungen beschreiben kann.

Zur Auswahl einer geeigneten Übertragungsfunktion für jede Maschine dient Abbildung 5.2. Die Sprungantwort von Maschine 1 zeigt weder Schwingungen noch Überschwingen, sodass ein PT1-Glied eine angemessene Modellierung darstellt. Maschine 2 hingegen weist ein schwingendes Verhalten mit leichtem Überschwingen auf, wodurch ein PT2-Glied die dynamischen Eigenschaften besser abbildet. Zusätzlich wird die Modellierung von Maschine 2 mit einem PT1-Glied untersucht.

Die Übertragungsfunktion eines PT1-Gliedes mit Totzeit ist in Gleichung 5.2 dargestellt und wird durch die Zeitkonstante T sowie den Verstärkungsfaktor K beschrieben. Zur Vereinfachung wird $K = 1$ gesetzt, da das System keine konstante Verstärkung besitzt. Die zu bestimmenden Parameter sind somit die Zeitkonstante T und die Totzeit T_d.

$$G(s) = \frac{K}{Ts + 1} e^{-T_\mathrm{d} s} \qquad \text{Gl. 5.2}$$

Analog dazu ist die Übertragungsfunktion eines PT2-Gliedes mit Totzeit in Gleichung 5.3 dargestellt. Sie wird durch die Eigenkreisfrequenz ω_0 und den Dämpfungsfaktor D charakterisiert.

$$G(s) = \frac{K}{s^2 + 2D\omega_0 s + \omega_0^2} e^{-T_\mathrm{d} s} \qquad \text{Gl. 5.3}$$

Um die Anzahl der zu identifizierenden Parameter zu verringern und ein stabileres Ergebnis des Optimierungsalgorithmus zu erzielen, wird die gedämpfte Eigenkreisfrequenz ω_d für einen schwingenden Verlauf mit $0 < D < 1$ aus der Sprungantwort ermittelt. Diese wird gemäß Gleichung 5.4 in die Übertragungsfunktion Gleichung 5.3 eingesetzt. Die zu bestimmenden Parameter sind somit der Dämpfungsfaktor D und die Totzeit T_d.

$$\omega_0 = \frac{\omega_\mathrm{d}}{\sqrt{1 - D^2}} \qquad \text{Gl. 5.4}$$

Schätzung der Parameter Die Schätzung der Parameter erfolgt nach dem in [42] beschriebenen Verfahren unter Anwendung eines genetischen Algorithmus. Dieser

Tabelle 5.1: Kennwerte der Übertragungsfunktionen

	$PT1_1$	$PT1_2$	$PT2_2$
T_d in µs	900	200	200
$\omega_0 = \frac{1}{T}$ in kHz	1.71	2.41	6.29
D	—	—	0.8
$WNRMSE$ in %	1.41	3.24	6.07

Ansatz ermöglicht eine effektive Optimierung der Parameter, indem der Fehlerraum auf globaler Skala untersucht wird. So lassen sich lokale Minima vermeiden, was zu robusteren und genaueren Schätzungen führt. [149]

Das Fehlermaß zur Bestimmung der Güte der Schätzung in dieser Anwendung ist der Normalized-Root-Mean-Squared-Error $NRMSE$ mit einer Gewichtung λ_i(WNRMSE). Die Berechnung des WNRMSE ist in Gleichung 5.5 mit dem tatsächlichen Wert ξ_i, dem vorhergesagtem Wert $\hat{\xi}_i$, dem Mittelwert der tatsächlichen Werte $\bar{\xi}$ sowie der Anzahl der gemessen Zeitpunkte N angegeben.

$$WNRMSE = \frac{\sqrt{\sum_{i=1}^{N} \lambda_i \cdot (\xi_i - \hat{\xi}_i)^2}}{\sqrt{\sum_{i=1}^{N} \lambda_i \cdot (\xi_i - \bar{\xi})^2}} \quad \text{Gl. 5.5}$$

Die Gewichtungsfunktion λ_i wird über die Parameter a und b in Abhängigkeit des Zeitverhaltens der Sprungantwort in Gleichung 5.6 bestimmt. Der Zeitpunkt t_0 ist dabei der Zeitpunkt des Sprungs im Eingangssignal. Damit wird der Fokus der Schätzung auf den Zeitraum gelegt, in dem das System auf den Sprung reagiert, wodurch die Schätzung der Parameter robuster ist.

$$\lambda_i = \begin{cases} a, & \text{wenn } t_0 \leq t_i < T_\mathrm{r} \\ b, & \text{sonst} \end{cases} \quad \text{Gl. 5.6}$$

Die Ergebnisse der Schätzung sind in Abbildung 5.3 visuell dargestellt, sowie die Kennwerte in Tabelle 5.1 quantifiziert. Das PT1-Glied für die Maschine 1 zeigt sowohl einen geringen Fehlerwert, als auch visuell eine gute Übereinstimmung mit der gemessenen Systemantwort.

Das PT1-Glied für Maschine 2 weist einen geringeren Fehlerwert (siehe Tabelle 5.1) als das PT2-Glied auf, ohne die Schwingungen und den Überschwinger abzubilden.

Das PT2-Glied zeigt einen steilen Anstieg mit einem Überschwinger und bildet damit den Verlauf der Sprungantwort nach.

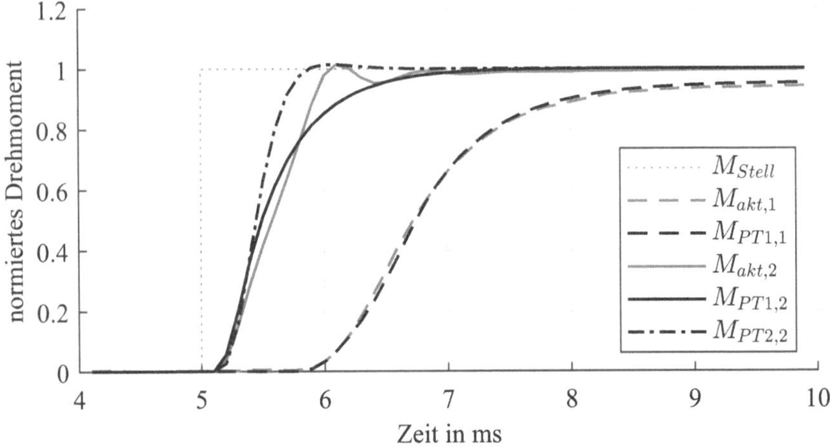

Abbildung 5.3: Darstellung der geschätzten Übertragungsfunktionen

Echtzeitsimulation, Regelung und Schnittstellen

Die Echtzeitsimulation ist ein Element, welches aus der Automatisierungsebene in den initialen digitalen Zwilling übertragen werden muss. Dabei besteht die Möglichkeit das kompilierte Modell des Prüfstandes direkt in eine Simulation einzubinden. Dadurch wird sichergestellt, dass die Echtzeitsimulation identisch zum Prüfstand ist. Der Nachteil des kompilierten Modells ist die mangelnde Flexibilität, da für kleine Anpassungen ein neues Gesamtmodell kompiliert werden muss. Daher wurden in dieser Arbeit die nicht kompilierten Echtzeitsimulation in den initialen digitalen Zwilling übertragen. Da ein Großteil der Prüfstandsmodelle in MATLAB/Simulink (The MathWorks, Inc.) [150] modelliert ist, wurden die virtuellen Modelle des digitalen Zwillings ebenfalls in dieser Umgebung abgebildet. Die Submodelle der Echtzeitsimulation sind die Strecke, der Fahrer, das Fahrzeug und der Reifen.

Die Modelle der Prüfstandsimulation werden am Prüfstand mit unterschiedlichen Abtastraten ausgeführt. Daher ist die Ausführung der virtuellen Modelle mit einer identischen Abtastrate von hoher Relevanz. Um eine Synchronisierung aller Abtastraten zu gewährleisten, muss das kleinste gemeinsame Vielfache der individuellen Zeitschritte bestimmt werden. Der Kehrwert dieser Bestimmung ergibt die Gesamtabtastrate.

Die Schnittstellen der Modelle orientieren sich an den Schnittstellen aus Abbildung 2.6, können sich jedoch in Abhängigkeit von der gewählten Regelungsart verändern. Dadurch ergeben sich unterschiedliche Anforderungen an die Submodelle, deren Schnittstellen je nach Regelungskonzept angepasst werden müssen. Neben den Submodellen müssen daher auch die Auswahl und Steuerung der Regelungsarten in die virtuellen Modelle übernommen werden. Beim Wechsel der Regelungsarten müssen inaktive Submodelle zusätzlich initialisiert werden, was eine fehlerfreie Umschaltung gewährleistet und unerwünschte Sprünge oder Inkonsistenzen im Systemverhalten verhindert.

Versuchsablauf

Der Versuchsablauf des in dieser Arbeit untersuchten Prüfstands ist zweiteilig und besteht aus einer Ablaufsteuerung und einer Ablauftabelle. In der Ablaufsteuerung können verschiedene Elemente programmiert werden, die beispielsweise Messsysteme starten oder bestimmte Parameter verändern. Eine Replikation dieses Systems ist mit einem hohen Aufwand verbunden, da die Elemente flexibel für jede Erprobung angepasst werden. Dazu haben eine Reihe an Elementen keinen Einfluss auf die Simulation, da diese Komponenten des Prüfstandes steuern, die im digitalen Zwilling nicht abgebildet sind. Dazu gehören Kommunikationsprotokolle zu Messsystemen, Regelung von Konditioniersystemen oder die Konfiguration der Restbus-Simulation.

Die Ablauftabelle beinhaltet das Prüfprogramm und enthält Führungsgrößen der verschiedenen Regelungsarten für die Simulation sowie für Radmaschinen oder das Testobjekt. Diese Tabelle umfasst mehrere Stufen, die abhängig von Zeit, Strecke und Bedingungen ausgeführt werden. Da die Implementierung des Automatisierungssystems zur Umsetzung der Ablauftabelle in Signale nicht zugänglich ist, wurde diese Funktion in dieser Arbeit nachgebildet. Es ist wichtig zu beachten, dass kleine Abweichungen in der Programmierung, bedingt durch die hohe Anzahl an Stufen (>5000) im Prüfprogramm, zu summierten Fehlern führen können.

5.1.2 Digitaler Schatten

Im initialen digitalen Zwilling sind im digitalen Schatten drei wesentliche Elemente enthalten: Parameter, Messdaten und Prüfprogramme. Der Inhalt des digitalen Schattens ist dabei zunächst zweitrangig. Damit der Aufbau und die Validierung operativer Zwillinge möglichst einfach sind, müssen die relevanten Daten verfügbar sein und von verschiedenen Prüfständen sowie Erprobungen extrahiert werden können.

Die Parameter der Echtzeitsimulation können aus dem Prüfstandssystem extrahiert, in einer MATLAB-Datei gespeichert und zusätzlich jeder Messung zugeordnet werden. Da der digitale Zwilling und das CPS die identische Echtzeitsimulation nutzen, ist keine weitere Anpassung der Parameter im digitalen Schatten notwendig. Die Parameter des virtuellen Testobjekts werden aus Datenbanken abgerufen oder durch Simulation geschätzt. Insbesondere in frühen Entwicklungsphasen kann die Beschaffung von Parametern einen erheblichen Zeitaufwand bedeuten.

Die Messdaten der Erprobungen werden auf einem Server gesammelt und stehen dem digitalen Schatten zur weiteren Verarbeitung zur Verfügung. Innerhalb des digitalen Schattens erfolgt die Datenaufbereitung in zwei Schritten. Zunächst wird der relevante Zeitraum der Erprobung identifiziert, wodurch die Datenmenge reduziert wird. Anschließend werden die relevanten Messsignale ausgewählt, um die Datenmenge weiter zu verringern. Für die korrekte Auswahl der relevanten Daten spielt die Prozessgrößenverwaltung des Prüfstands eine entscheidende Rolle. Während prüfstandsspezifische Signale im Prüffeld meist einheitlich benannt sind, variiert die Bezeichnung der Signale der Prüflinge häufig. Zur Harmonisierung dieser Bezeichnungen werden Namenskonvertierungstabellen eingesetzt.

Die Prüfprogramme aller Erprobungen werden in einer zentralen Bibliothek des Prüffeldes gesammelt. Die Übertragung in den digitalen Zwilling erfolgt durch den Export der Daten sowie deren Aufbereitung in tabellarischer Form zur weiteren Verarbeitung in der Simulation.

5.1.3 Dienste

Die Dienste des initialen digitalen Zwillings orientieren sich an den in Tabelle 3.7 beschriebenen Elementen. Ein zentraler Dienst ist ein grafisches Interface zur Darstellung der Simulationsergebnisse und deren Vergleich mit den Messdaten der Prüfstände. Neben der visuellen Validierung werden automatisiert Fehlerwerte der einzelnen Größen berechnet. Darüber hinaus enthalten die Dienste eine grafische Oberfläche zur Editierung von Parametern. Die Parameter können darüber geladen, aktualisiert und gespeichert werden.

Durch den Editor wird zudem die Rückwärtskompatibilität der Parametersätze sichergestellt. Falls Parametersätze aus älteren Simulationen oder Erprobungen bestimmte Parameter neuer Modelle nicht enthalten, werden diese durch den Parametereditor automatisch ergänzt.

Die Modellverwaltung mit Git [151] ist ein zentraler Bestandteil der Dienste des initialen digitalen Zwillings. Diese ermöglicht die systematische Konfiguration, Versionierung und Dokumentation der virtuellen Modelle. Änderungen lassen sich nachvollziehbar speichern, frühere Modellzustände wiederherstellen und verschiedene Entwicklungsstände vergleichen. Dies verbessert die Nachverfolgbarkeit und erhöht die Qualität der Simulation.

5.1.4 Validierung des initialen digitalen Zwillings

Die Validierung der Komponenten und Funktionen des initialen digitalen Zwillings erfolgt im Rahmen einer Closed-Loop-Simulation. Zu den Anforderungen gehören die Einhaltung der Architektur des digitalen Zwillings, die durch den strukturierten Aufbau gemäß Tabelle 3.7 sichergestellt ist, sowie die Abbildung des PiL-Betriebs des Prüfstands. Die Validierung basiert auf Messdaten des Prüfstands aus einem Rundstreckenbetrieb, die im digitalen Schatten hinterlegt sind. Der Rundstreckenbetrieb eignet sich hierfür besonders, da sowohl das Antriebsstrang- und Radmaschinenmodell als auch die Funktionen der Automatisierungsebene erforderlich sind.

Die Ausgangsgrößen des Antriebsstrangmodells sind das Drehmoment am Rad hinten links und rechts. In Abbildung 5.4 ist das Drehmoment am Rad hinten links als Bland-Altmann-Diagramm dargestellt (vgl. Abschnitt 3.3). Das Diagramm zeigt die Simulationsergebnisse als einzelne Datenpunkte, wobei die y-Achse die Abweichung zwischen Simulation und Prüfstandsmessung und die x-Achse den Mittelwert beider Werte darstellt. Die gestrichelten Linien markieren das 10. und 90. Perzentil sowie den Mittelwert der Daten. Zusätzlich ist die LOWESS-Gerade eingezeichnet.

Das mittlere Residuum beträgt 29,50 Nm, was auf eine leichte Unterschätzung des Drehmoments durch das Modell hinweist. Aufgrund der ausgeprägten Schwan-

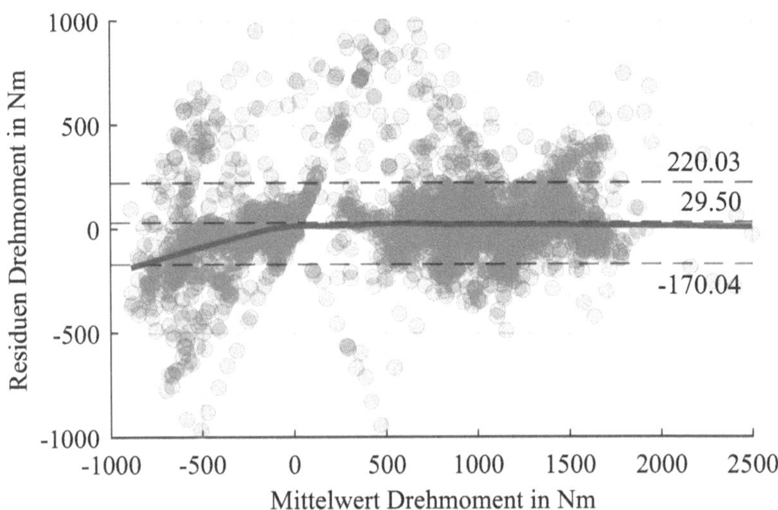

Abbildung 5.4: Bland-Altman Darstellung des Drehmomentes am Rad hinten links

kungen des Drehmoments an den Reifen können durch eine Phasenverschiebung zwischen Messung und Simulation signifikante Residuen auftreten. Der R^2-Wert liegt für das Drehmoment am rechten Hinterrad bei 92,38 % und für das linke Hinterrad bei 91,39 % (vgl. Tabelle 5.2). Beide Werte können gemäß der Klassifikation in Tabelle 3.6 der zweiten Klasse zugeordnet werden, was darauf hinweist, dass das Modell eine geeignete Annäherung an den realen Antriebsstrang darstellt. Aus der LOWESS-Gerade für Mittelwerte im Bereich von 0 Nm bis −1000 Nm lässt sich zudem ableiten, dass die Rekuperation eine systematische Abweichung hin zur Unterschätzung durch das Modell aufweist, im Gegensatz zu den antreibenden Phasen. Eine potenzielle Überarbeitung des Rekuperationsverhaltens könnte daher zu einer weiteren Verbesserung der Modellgenauigkeit führen, jedoch liegt dies außerhalb des Fokus dieses Methodenschrittes.

Die Drehmomente des Antriebsstrangmodells dienen als Eingangsgrößen für das Radmaschinenmodell. Die Ausgangsgrößen des Radmaschinenmodells sind die Drehgeschwindigkeiten der Räder, deren R^2-Wert in Tabelle 5.2 für beide Räder mit über 99 % angegeben ist. Dies entspricht der höchsten Klasse der R^2-Klassifizierung und ermöglicht damit detaillierte Rückschlüsse auf das Verhalten des realen Prüfstands.

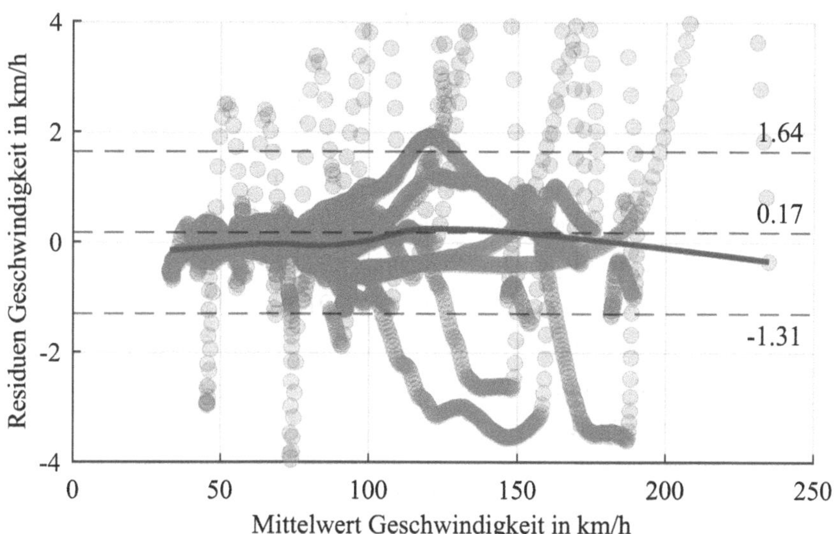

Abbildung 5.5: Bland-Altman Darstellung der Fahrzeuggeschwindigkeit

Analog zu den mechanischen Modellen werden die Komponenten Echtzeitsimulation und Regelung durch den Rundstreckenbetriebs validiert. Als Validierungsgrößen werden dabei die Führungsgrößen Geschwindigkeit und Krümmung verwendet, die durch die Echtzeitsimulation geregelt werden. Abbildung 5.5 zeigt die Geschwindigkeit im Bland-Altman-Diagramm, aus dem hervorgeht, dass bei Geschwindigkeiten unter 100 km/h die Simulation höhere Geschwindigkeiten annimmt, während bei Geschwindigkeiten über 100 km/h ein entgegengesetztes Verhalten beobachtet wird. Mit einem R^2-Wert von 99,82 % gehört die Geschwindigkeit zur ersten Klasse der R^2-Klassifizierung aus Tabelle 3.6. Des Weiteren sind in Tabelle 5.2 die R^2-Werte für die Krümmung sowie die Stellgrößen des Fahrermodells aufgeführt. Alle diese Größen können der zweiten Klasse der R^2-Klassifizierung zugeordnet werden, was auf eine gute Abbildungsgüte des Rundstreckenbetriebs hinweist.

Zudem stellt die Abbildung des Versuchsablaufs eine wichtige Komponente des initialen digitalen Zwillings dar. Abbildung 5.6 zeigt den Vergleich der Referenzgeschwindigkeit und der Stufennummer in der Ablauftabelle zwischen Prüfstandsmessung und Simulation. Die Messdaten wurden mit 100 Hz erfasst, während die Simulation mit 1000 Hz berechnet wurde, entsprechend der internen Abtastrate

Tabelle 5.2: Validierung des initialen digitalen Zwillings

Simulation	R^2 in %	MAE
Geschwindigkeit	99.74	1,18 km/h
Krümmung	93.62	0,0038 1/m
Drehgeschwindigkeit hinten links	99.03	1,83 1/s
Drehgeschwindigkeit hinten rechts	99.02	1,84 1/s
Drehmoment hinten links	91.39	125,44 Nm
Drehmoment hinten rechts	92.38	128,13 Nm
Fahrpedalstellung	93.74	4,60 %
Bremsverzögerung	91.50	0,81 m/s^2
Lenkradwinkel	95.33	7,57°

der Funktion. Mit einem R^2-Wert von 100,00 % ist die Referenzgeschwindigkeit ausreichend genau abgebildet. Der MAE beträgt 0,14 km/h.

Die durchschnittliche Geschwindigkeitsänderung zwischen zwei aufeinanderfolgenden Stufen in den Messdaten beträgt 0,25 km/h. Damit liegt der MAE unterhalb der Geschwindigkeitsänderung innerhalb eines Zeitschritts der Messfrequenz. Abweichungen in dieser Größenordnung sind als akzeptabel einzustufen, da in der Messdatenerfassung beispielsweise Anti-Aliasing-Filter eingesetzt werden, die in der Simulation nicht berücksichtigt sind.

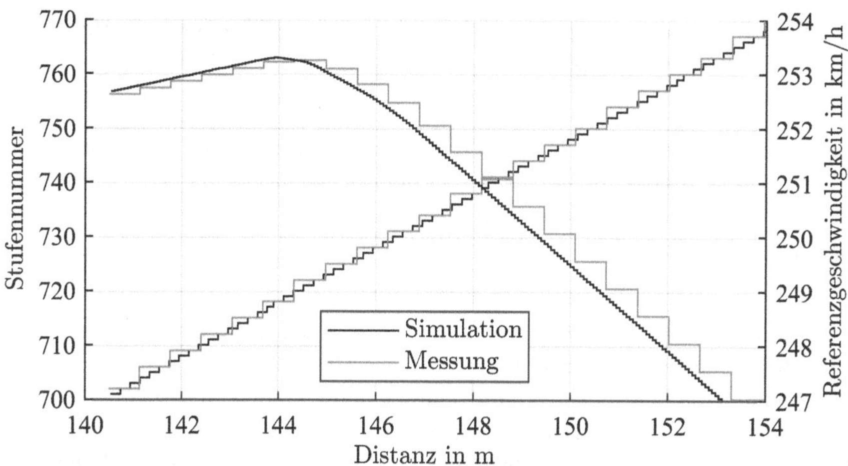

Abbildung 5.6: Verlauf der Referenzgeschwindigkeit und Stufennummern der einer distanzbasierten Ablauftabelle

5.2 Analyse des Anwendungsfalls

Ziel dieser Anwendung der Methode ist die Erstellung eines neuen Testszenarios, welches einen gezielten Drift mit dem Fahrzeug am PiL-Prüfstand ermöglicht. Dafür ist die Integration des Hochdynamikfahrers und eines zugehörigen Prüfprogramms mittels verschiedener Einsatzszenarien des digitalen Zwillings notwendig.

Der gegenwärtig verwendete Fahrer regelt die Längs- und Querdynamik des Fahrzeugs unabhängig voneinander. Wie in Abschnitt 4.3 dargelegt, erfordert das Driften jedoch eine koordinierte Regelung beider Dynamiken, wodurch eine umfassende Anpassung des Fahrermodells notwendig ist. In diesem Kontext stellt das Einsatzszenario *(S1) Weiterentwicklung der Modelle im gesamten Systemverbund* eine zentrale Komponente dar, da es eine virtuelle Abbildung der Fahrerinteraktion mit dem Fahrzeug ermöglicht.

Bislang erfolgt die Erprobung des Hochdynamikfahrers ausschließlich an einem realen Fahrzeug, wodurch die Notwendigkeit entsteht, ein Prüfprogramm zu entwickeln, das auf den Ergebnissen der realen Fahrversuche basiert. Zur systematischen Ableitung dieses Prüfprogramms wird das Einsatzszenario *(PP1) Design und Implementierung neuer Prüfprogramme* genutzt. Zusätzlich kann das Prüfprogramm durch die Einsatzszenarien *(S4) Validierung des Systemverbunds mittels Messdaten* und *(S5) Datenzugänglichkeit und -bereitstellung* mit realen Fahrzeugmessungen validiert werden.

Zur Minimierung der Testzeiten am Prüfstand kommen zusätzlich die Einsatzszenarien *(S8) Reglerapplikation unter Berücksichtigung der Dynamik des Testobjekts* und *(PP2) Digitale Erprobung neuer Prüfprogramme* zur Anwendung, die eine optimierte Inbetriebnahme ermöglichen.

Nach der Definition des Erprobungsziels sowie der relevanten Einsatzszenarien erfolgt die Identifikation der beteiligten Systeme. Der Driftbetrieb am Antriebsstrangprüfstand stellt eine Erweiterung der bestehenden Regelungsstrategie RLS/v dar, wodurch die Echtzeitsimulation in dieser Konfiguration die Grundlage für die Entwicklung des neuen Fahrermodells bildet. Die Echtzeitsimulation ist über die Radmaschinen direkt mit dem Testobjekt gekoppelt. Bei dem Testobjekt handelt es sich um einen elektrischen Antriebsstrang, der aus jeweils einer elektrischen Maschine an der Vorder- und Hinterachse besteht. Die Interaktion zwischen diesen Teilsystemen sowie ihre funktionale Integration im Gesamtsystem sind in Abbildung 5.7 (vgl. Abbildung 2.6) schematisch dargestellt.

Das Anwendungsszenario wird in diesem Fall auf Basis von Fahrversuchen mit einem realen Fahrzeug abgeleitet. Diese Erprobungen erfolgen auf einem schneebedeckten Handling-Kurs, auf dem das Fahrzeug mit konstantem Schwimmwinkel durch die Kurven driften soll. Ziel der Untersuchung ist es, die Driftfähigkeit des Fahrzeugs zu evaluieren und das Verhalten verschiedener Antriebsstrangfunktionen unter hohen Schwimmwinkeln zu analysieren.

In der realen Anwendung erfolgt die Fahrerreaktion auf die Referenzwerte der Strecke – bestehend aus Position, Geschwindigkeit und Schwimmwinkel – durch eine entsprechende Anpassung der Fahrpedalstellung sowie des Lenkwinkels.

Im Folgenden erfolgt die Ableitung der funktionalen Anforderungen auf Grundlage des Anwendungsszenarios, des Erprobungsziels sowie der Einsatzszenarien. Dabei findet eine Untersuchung der Wirkzusammenhänge der Fahreraktionen Lenken und Gasgeben statt.

Die Regelungsstrecke für den Lenkeinschlag ist in Abbildung 5.7 blau dargestellt. Eine Änderung des Lenkradwinkels führt zu einer entsprechenden Änderung des Radlenkwinkels, wodurch sich der Schräglaufwinkel der Reifen und infolgedessen die Querkraft ändert. Der daraus resultierende Fahrzeugzustand wird wiederum an den Fahrer zurückgemeldet.

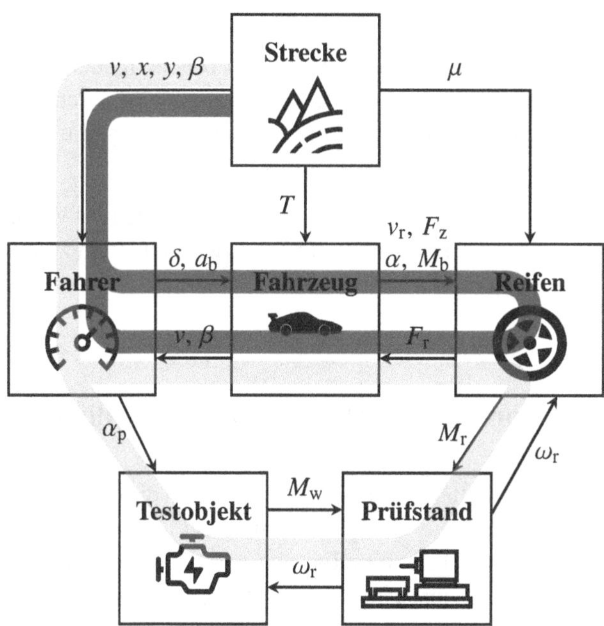

Abbildung 5.7: Darstellung der Regelkreise des Fahrermodells in der Systemstruktur des Antriebsstrangprüfstands

Diese Wirkzusammenhänge sind bereits in der Echtzeitsimulation modelliert. Ein besonderer Fokus liegt dabei auf der Fähigkeit der verwendeten Modelle, hohe Schwimmwinkel und Schräglaufwinkel realitätsnah abzubilden.

Die Strecke der Regelungsgröße Fahrpedalstellung ist in Abbildung 5.7 gelb markiert. Das Antriebsstrangmodell erfasst die Fahrpedalstellung und wandelt diese in ein Drehmoment am Rad um. Die Verteilung des Drehmoments über das Differential spielt während des Driftvorgangs eine entscheidende Rolle. Daher erfordert die Simulation eine detaillierte Modellierung des Differentials.

Der Drift stellt ein Manöver dar, das im normalen Straßenverkehr nicht ausgeführt wird, da sich das Fahrzeug währenddessen in einem instabilen Zustand befindet. Zur Erhöhung der Sicherheit des Fahrers greifen deshalb verschiedene Funktionen des Antriebsstrangs ein, um den Fahrzustand zu stabilisieren. Sollte jedoch erkannt werden, dass der Fahrer bewusst einen Drift initiiert, soll das Fahrzeug den Fahrer aktiv dabei unterstützen, den Drift aufrechtzuerhalten.

Diese Eingriffe erfolgen primär über die Allradverteilung zwischen Vorder- und Hinterachse, die daher auch im Testobjekt entsprechend modelliert werden muss. Das Drehmoment an den vier Rädern des Fahrzeugs wird anschließend über die Radmaschinen an das Reifenmodell weitergegeben. Es folgt die Regelstrecke für die Längsdynamik und die Querdynamik des Fahrzeugs.

Da der neue Fahrregler auch im digitalen Zwilling parametriert werden soll, ist es notwendig, die Latenz des Prüfstandsaufbaus in die Simulation zu integrieren, um realistische Reaktionen des Fahrzeugs abzubilden.

5.3 Konfiguration des operativen digitalen Zwillings

Im dritten Schritt der Methode wird aus dem initialen digitalen Zwilling ein operativer digitaler Zwilling unter Berücksichtigung der analysierten Anforderungen konfiguriert. Zu Beginn erfolgt eine Erweiterung der virtuellen Modelle um ein Antriebsstrangmodell, das insbesondere das Differential und die Allradverteilung umfasst. Zusätzlich wird der digitale Schatten für die Analyse von Fahrzeugmessdaten angepasst. Im Gegensatz dazu erfordert die Erweiterung der Dienste keine weiteren Anpassungen. Abschließend wird das Modell mit Messdaten aus früheren Versuchen validiert.

5.3.1 Virtuelle Modelle

Aus der Anwendungsfallanalyse ist bekannt, dass ein Antriebsstrangmodell des elektrischen Allradfahrzeuges erstellt werden muss, wobei die Modellierung der Differentiale und der Stabilitätsfunkionen des Antriebsstrangs im Fokus stehen. Eine schematische Darstellung des Antriebsstrangmodells mit den Regelsystemen des Antriebsstrangs ist in Abbildung 5.8 dargestellt. Darin wird zu Beginn aus der aktuellen Fahrzeuggeschwindigkeit v und der Fahrpedalstellung α_{p} über ein Kennfeld ein gefordertes Gesamtdrehmoment M_{ges} errechnet.

Die Allradverteilung wird im Steuergerät über mehrere Regler und Zustandsautomaten realisiert, deren Implementierung und Parametrierung zum Zeitpunkt der Modellierung nicht verfügbar ist. Daher wird die Allradverteilung aus einer Fahrzeugmessung approximiert. Dazu wird angenommen, dass die Verteilung x_{v} in Bezug zur Vorderachse ohne den Eingriff von Regelsystemen bei 28 % liegt. Aus

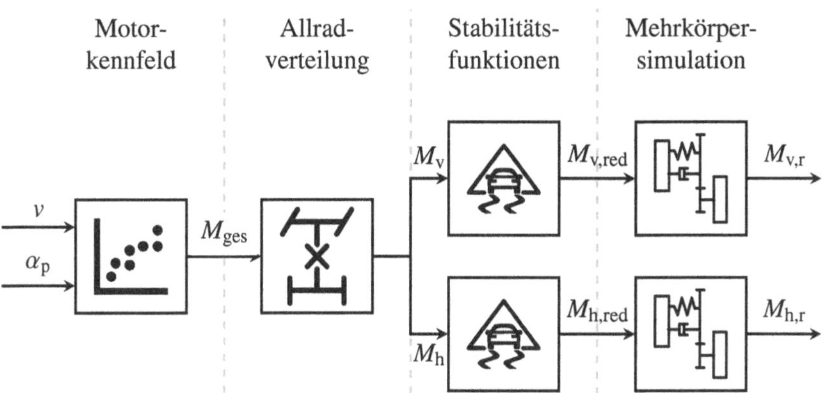

Abbildung 5.8: Funktionale Darstellung des mechanischen Antriebsstrangmodells

der Messung können zwei einflussreiche Abhängigkeiten identifiziert werden, die negative Längsbeschleunigung und der Schwimmwinkel. In einem Elektrofahrzeug wird die negative Längsbeschleunigung im Idealfall größtenteils durch die Rekuperation der elektrischen Antriebe realisiert. Eine höhere Rekuperationsleistung an der Vorderachse trägt zu einer verbesserten Fahrstabilität bei, da sie die Fahrzeugdynamik positiv beeinflusst und eine gleichmäßige Lastverlagerung während des Bremsvorgangs unterstützt.

Da ein Drift in der Regel mit positiver Längsbeschleunigung verbunden ist, spielt die Modellierung der Kraftverteilung in Abhängigkeit vom Schwimmwinkel eine entscheidende Rolle. In Abbildung 5.9 ist die Allradverteilung über den absoluten Schwimmwinkel für positive Beschleunigungen dargestellt. Die Approximation erfolgt durch eine stückweise definierte Funktion (Gleichung 5.7) und ist in der Abbildung als rote Linie dargestellt.

$$x_{VA}(|\beta|) = \begin{cases} 0.22\beta^2 + \beta, & \text{wenn } \beta < 6^\circ \\ -0.67\beta^2 + 8.13\beta - 10.6, & \text{wenn } 6^\circ \leq \beta < 14^\circ \\ -28, & \text{wenn } \beta \geq 14^\circ \end{cases} \qquad \text{Gl. 5.7}$$

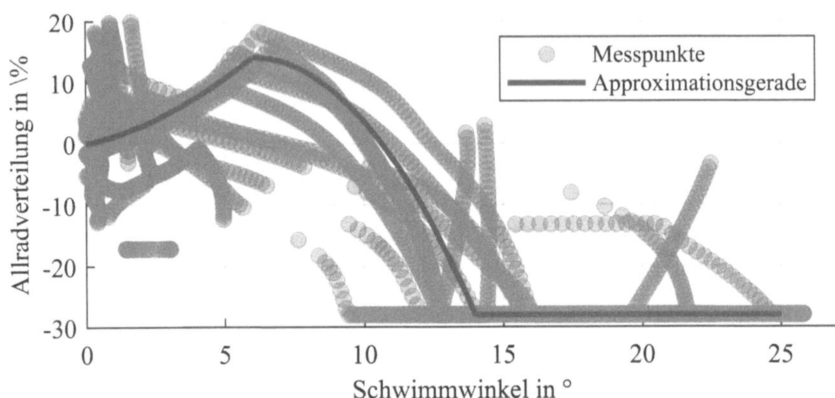

Abbildung 5.9: Allradverteilung im Verhältnis zum Fahrzeugschwimmwinkel mit Approximationsfunktion

Abbildung 5.8 folgend sind weitere Stabilisierungsfunkionen des Antriebsstrangs, wie die Reduktion des Antriebsmoments bei hohem Schlupf, für jede Achse separat aus Messungen approximiert.

Die Modellierung des Antriebsstrangs erfolgt mithilfe einer Mehrkörpersimulation, basierend auf dem in Abbildung 5.1 dargestellten Mehrmassenschwinger. Das Differential der Vorderachse wird als offenes Differential unter Verwendung des LuGre-Reibmodells abgebildet. Im Gegensatz dazu verfügt das Hinterachsdifferential über eine geregelte Quersperre, die ein Sperrmoment in Abhängigkeit vom Gesamtmoment an der Hinterachse erzeugt. Die Modellierung erfolgt durch das LuGre-Reibmodell, wobei die Regelung über eine Kennlinie gesteuert wird, die das Sperrmoment in Abhängigkeit vom Gesamtmoment an der Hinterachse beschreibt.

Eine weitere Anforderung der Anwendungsanalyse ist die exakte Modellierung der Latenz der Regelkreise. Die Totzeit der beiden Regelkreise konnte dabei aus vorherigen Prüfstandsmessungen identifiziert werden und beträgt 30 ms für die Längsdynamik und 20 ms für die Querdynamik. Im realen Antriebsstrangprüfstand ist ein Lenkgetriebe aufgebaut, wodurch der querdynamische Regelkreis nicht mehr ausschließlich in der Simulation stattfindet. Abgesehen von der Totzeit durch die Übertragung der Signale zum Lenkgetriebe und zurück hat der Aufbau keine Einfluss auf die Stellgenauigkeit.

5.3.2 Digitaler Schatten

Der digitale Schatten umfasst für diesen Anwendungsfall mehrere Parameter- und Datensätze. Da das Fahrzeugprojekt bereits in einer anderen Erprobung am Prüfstand eingesetzt wurde, können die Parameter der Echtzeitsimulation aus der Prüffelddatenbank entnommen werden. Zusätzlich stehen Prüfstandsmessungen zur Verfügung, die zur Validierung der Modellierung genutzt werden können. Diese Messungen lassen sich zusammen mit dem Prüfprogramm aus der Prüffelddatenbank extrahieren. Sie repräsentieren das Fahrzeug im Rundstreckenbetrieb, wodurch die Normalfahrt validiert werden kann. Allerdings sind keine Datensätze verfügbar, die einen Abgleich von Driftmanövern ermöglichen.

Der digitale Schatten enthält zusätzlich die Parameter für das Antriebsstrangmodell, die überwiegend aus einer Fahrzeugdatenbank extrahiert werden. Zur Approximation der Allradverteilung und der Stabilitätsfunktionen wird eine Messung eines realen Fahrzeugs herangezogen. Um neue Messformate zu integrieren, ist es erforderlich, auch die Funktionen des digitalen Schattens entsprechend anzupassen.

5.3.3 Validierung des operativen digitalen Zwillings

Eine Teilvalidierung des operativen digitalen Zwillings erfolgt anhand von Messungen eines Rundstreckenbetriebs am Prüfstand, die im digitalen Schatten integriert sind. Dadurch kann zumindest generelle Funktionsfähigkeit des Antriebsstrangmodells nachgewiesen werden, da keine Vergleichsdaten für den Driftbetrieb vorliegen.

Die R^2-Werte der relevanten Größen sind in Tabelle 5.3 angegeben. Die Geschwindigkeit, das Drehmoment an der Hinterachse, die Fahrpedalstellung sowie der Lenkradwinkel befinden sich alle in der höchsten R^2-Klasse. Abweichungen von dieser höchsten Güteklasse zeigen sich jedoch beim Drehmoment an der Vorderachse sowie bei der Bremsverzögerung.

Aus diesem Grund stellt Abbildung 5.10 das Drehmoment vorne links in einem Bland-Altman-Diagramm dar. Der Mittelwert der Residuen beträgt 56,45 Nm, was auf eine systematische Unterschätzung des Drehmoments durch das Modell hinweist. Die Analyse der LOWESS-Gerade zeigt, dass im Bereich von 0 Nm bis 400 Nm nur geringe Abweichungen zwischen Modell und Messung auftreten. Bei höheren Drehmomenten nehmen jedoch die positiven Abweichungen zu, was darauf hindeutet, dass das Antriebsstrangmodell in diesem Bereich das Drehmoment im Vergleich zur Prüfstandsmessung unterschätzt.

Tabelle 5.3: Validierung des operativen digitalen Zwillings

Simulation	R^2 in %	MAE
Geschwindigkeit	99.73	0,76 km/h
Drehmoment vorne links	79.08	87,52 Nm
Drehmoment vorne rechts	77.57	90,42 Nm
Drehmoment hinten links	94.11	110,21 Nm
Drehmoment hinten rechts	94.15	117,18 Nm
Fahrpedalstellung	97.85	1,25 %
Bremsverzögerung	88.12	0,31 m/s^2
Lenkradwinkel	95.15	6,65°

In den Rekuperationsphasen (Mittelwert des Drehmoments < 0) treten noch deutlichere Abweichungen auf, wie durch die LOWESS-Gerade ersichtlich wird. Die positiven Residuen deuten darauf hin, dass das Modell eine zu starke Rekuperation der Vorderachse simuliert. Dies könnte ebenfalls eine Ursache für die Abweichungen in der Bremsverzögerung sein. Für den betrachteten Anwendungsfall des Drifts hat dieser Effekt jedoch eine untergeordnete Relevanz, da die Fahrzeugbremse während des Drifts nicht aktiv genutzt wird.

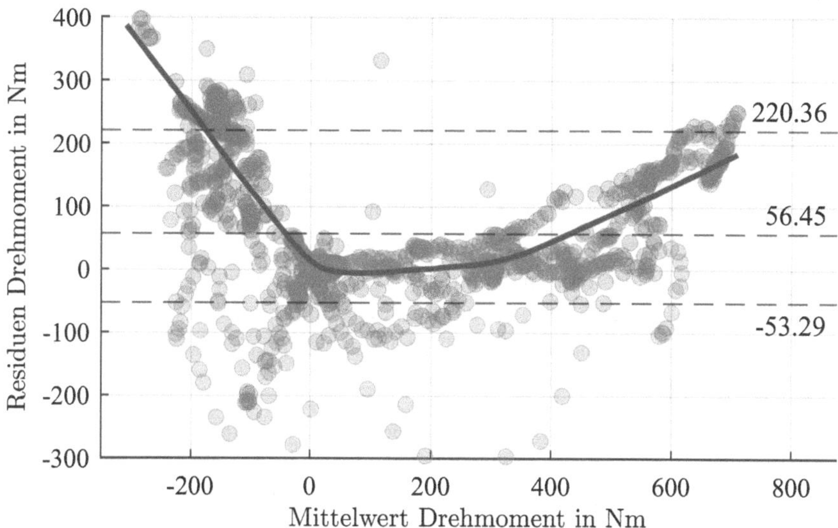

Abbildung 5.10: Bland-Altman-Diagramm des Drehmoments am Rad vorne links

5.4 Einsatz des operativen digitalen Zwillings

Im abschließenden Schritt der Methode wird die Integration der definierten Einsatzszenarien unter Verwendung des operativen digitalen Zwillings durchgeführt. Zunächst wird die Entwicklung des Prüfprogramms beschrieben, gefolgt von der Integration des Regelungssystems. Im weiteren Verlauf erfolgt die Parametrierung des Regelungssystems innerhalb des digitalen Zwillings, wobei die spezifischen Parameter zur Optimierung der Systemdynamik festgelegt und anschließend am Prüfstand implementiert werden.

5.4.1 Prüfprogrammgenerierung und Modellerweiterung

Im Rahmen der Prüfprogrammgenerierung wird im Einsatzszenario *(PP1) Design und Implementierung neuer Prüfprogramme* ein Prüfprogramm zur Validierung von Driftfahrten auf einem Handlingkurs entwickelt. Da bisherige Prüfprogramme primär auf einer Krümmungs- und Geschwindigkeitsregelung basieren, wurde zunächst eine Anpassung auf eine Geschwindigkeits- und Positionsregelung vorgenommen. Infolgedessen wurde der Regler modifiziert und seine Funktionalität durch Vergleich mit vorhandenen Simulationsergebnissen validiert.

Für die Integration des in Abschnitt 4.3.3 entwickelten Fahrermodells sind erweiterte Referenzwerte erforderlich, welche sowohl in das Prüfprogramm als auch in die Automatisierungslogik integriert wurden. Die Implementierung dieser Werte erfolgte durch eine Erweiterung der Ablauftabelle, wodurch eine strukturierte Einbindung in den Prüfprozess gewährleistet wird. Zur Anpassung an die spezifischen Distanzabstände der Prüfautomatisierung wurden die Referenzwerte abschließend interpoliert und gefiltert. Nach der vollständigen Integration des Reglers erfolgt eine experimentelle Validierung des Prüfprogramms durch den Abgleich mit realen Fahrzeugmessdaten.

Das Einsatzszenario *(S1) Weiterentwicklung der Modelle im gesamten Systemverbund* adressiert die Erweiterung des Fahrermodells der Echtzeitsimulation um das in Abschnitt 4.3.3 beschriebene Regelungssystem. Die Integration umfasst die Modellierung der Vorsteuerung sowie die Integration mehrerer P-Regler, deren Parameter systematisch in die Simulationsstruktur eingebunden wurden.

Die ursprüngliche Auslegung des Reglers erfolgte für ein heckangetriebenes Fahrzeug. Trotz einer Anpassung der Parametrierung konnte jedoch kein stabiles Regelverhalten für die Allradkonfiguration erzielt werden. In diesem Zusammenhang kommt das Einsatzszenario *(S9) Analyse und Behebung von Fehlerfällen* zur Anwendung. Die Regelung des Allradfahrzeuges ist durch die Definition von zwei Gain-Scheduling-Faktoren ϵ_ν und ϵ_β möglich. Diese reduzieren den Kurswinkelanteil der Querdynamik bei hohen Schräglaufwinkeln an der Vorderachse (Gleichung 5.8) und begrenzen den Schwimmwinkelanteil der Längsdynamik bei hohen Längsschlupfwerten an der Vorderachse (Gleichung 5.9).

$$\epsilon_\nu = \frac{1}{1 - \lambda \max(|\alpha_{\mathrm{v,l}}|, |\alpha_{\mathrm{v,r}}|)} \qquad \text{Gl. 5.8}$$

$$\epsilon_\beta = \frac{1}{1 - \lambda \max(|s_{\mathrm{v,l}}|, |s_{\mathrm{v,r}}|)} \qquad \text{Gl. 5.9}$$

In Abbildung 5.11 ist der Verlauf des Schwimmwinkels des Fahrzeugs über die Distanz entlang dreier Kurvensegmente des Handlingkurses dargestellt. Dabei zeigt sich, dass der Schwimmwinkel der Simulation und der Messung beim Einleiten des Driftvorgangs in allen drei Segmenten über den vorgegebenen Referenzwert hinausläuft. In allen Segmenten soll das Fahrermodell einen konstanten Schwimmwinkel von 10° einregeln, jedoch zeigt der Schwimmwinkel starke Schwingungen auf.

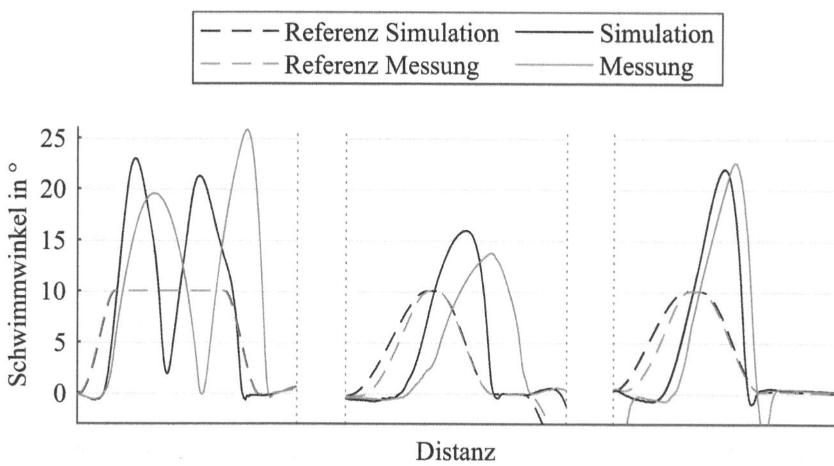

Abbildung 5.11: Schwimmwinkelverlauf über Distanz in ausgewählten Drift-Segmenten des Handlingkurses

Eine potenzielle Ursache für diese Abweichung wird in der zweiten dargestellten Kurve ersichtlich. Obwohl die Regler ohne wahrnehmbare Verzögerung auf eine Änderung des Referenzwertes reagieren, setzt der tatsächliche Aufbau des Schwimmwinkels erst mit einer signifikanten zeitlichen Verzögerung ein. Dieses Verhalten ist auf systembedingte Totzeiten in der Signalübertragung sowie die durch die Massenträgheit des Fahrzeugs bedingte Verzögerung in der Drehbewegung zurückzuführen. Da innerhalb des bestehenden Regelungskonzepts keine expliziten Kompensationsmechanismen zur Berücksichtigung dieser Totzeiten implementiert sind, kann der Regler den Sollwerten nur eingeschränkt folgen. Trotz der ausgeprägten Schwingungen um den Referenzwert kann der Fahrer den Drift mit einer gewissen Verzögerung wieder in einen stabilen Fahrzustand überführen.

Eine mögliche Ursache für die starken Schwingungen in der Regelgröße ist die Veränderung der Allradverteilung in Abhängigkeit vom Schwimmwinkel. Durch diese Anpassung verschieben sich die Gleichgewichtszustände des Drifts, da sich die übertragbaren Längs- und Querkräfte an den Rädern ändern. Infolgedessen nimmt die Genauigkeit der Vorsteuerung ab, da sich das Fahrzeugverhalten nicht mehr exakt vorherbestimmen lässt. Um diesem Effekt entgegenzuwirken, muss der Regler besonders robust parametriert werden. Dies geht jedoch zulasten der Regelgenauigkeit, da ein robuster ausgelegter Regler träger reagiert.

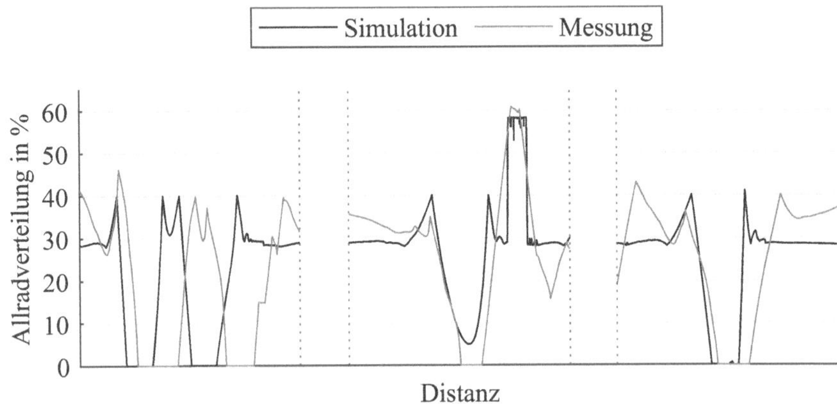

Abbildung 5.12: Allradverteilung über Distanz in ausgewählten Drift-Segmenten des Handlingkurses

Die Allradverteilung ist in Abbildung 5.12 für dieselben Segmente wie in der vorherigen Abbildung dargestellt. Ein Wert von 100 % bedeutet, dass das gesamte Antriebsmoment an die Vorderachse übertragen wird, während bei 0 % ausschließlich die Hinterachse angetrieben wird. Während die Form der Kurven in den Segmenten eins und drei zwischen Messung und Simulation weitgehend übereinstimmt, zeigt die Simulation während der Reduktion der Allradverteilung eine steilere Steigung sowie eine leichte Phasenverschiebung. Dies deutet darauf hin, dass der grundlegende Zusammenhang zwischen Allradverteilung und Schwimmwinkel in der Modellbildung korrekt erfasst wurde. Die beobachteten Unterschiede lassen jedoch darauf schließen, dass die in der Realität vorliegende Regelung nicht ausreichend durch die modellierte Kennlinie abgebildet wird. Mögliche Ursachen hierfür könnten dynamische Verzögerungen in der realen Fahrzeugregelung oder nicht erfasste nichtlineare Effekte sein.

5.4.2 Parametrierung von Regelsystemen

Nachdem die grundlegende Funktion des Hochdynamikfahrers abgebildet ist, können die Parameter mittels des Einsatzszenarios *(S8) Reglerapplikation unter Berücksichtigung der Dynamik des Testobjekts* optimiert werden.

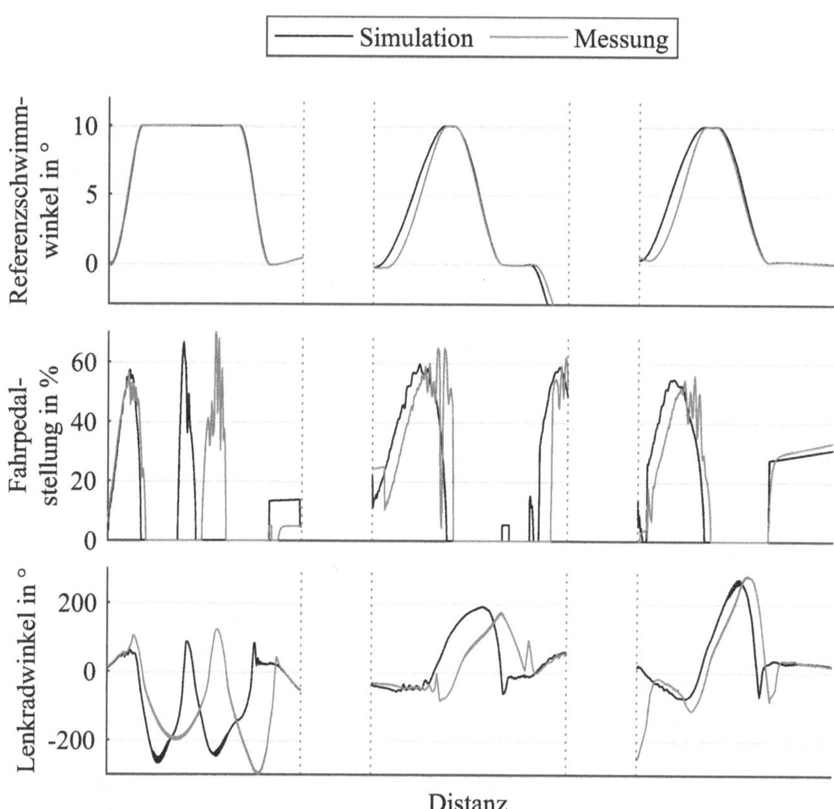

Abbildung 5.13: Führungs- und Stellgrößen des Hochdynamik-Reglers in ausgewählten Drift-Segmenten des Handlingkurses

Die Führungsgröße (Referenzschwimmwinkel) sowie die Stellgrößen (Fahrpedalstellung und Lenkradwinkel) des Regelungssystems sind in Abbildung 5.13 dargestellt, wobei die Simulation des digitalen Zwillings mit einer Prüfstandsmessung verglichen wird. In den Segmenten zwei und drei setzt der Anstieg der Führungsgröße in der Messung etwas später ein als in der Simulation. Dieses Verzögerungsverhalten spiegelt sich ebenfalls in den Stellgrößen wider. Eine mögliche Ursache für diese Abweichung könnte in Differenzen bei der Berechnung der zurückgelegten Distanz liegen.

Abgesehen von der wegbasierten Verzögerung zeigt die simulierte Stellgröße der Fahrpedalstellung eine hohe Übereinstimmung mit den Messdaten. Dies spiegelt sich in einem mittleren absoluten Fehler MAE von 7,25 % in den Segmenten zwei und drei wider, während im ersten Segment ein höherer Wert von 11,45 % auftritt. Die größeren Abweichungen in Segment eins sind auf die verschobene Reaktion der Allradverteilung entlang des Fahrwegs zurückzuführen.

Auch die zweite Stellgröße, der Lenkwinkel, weist eine wegabhängige Verzögerung in der Führungsgröße auf. Darüber hinaus weicht die Form der Kurve in der Simulation von der in der Messung erfassten Kurve ab. Diese Abweichungen spiegeln sich in einem mittleren absoluten Fehler MAE von 54,77° in den Segmenten zwei und drei sowie einem Wert von 109,55° in Segment eins wider. Dies verdeutlicht, dass der Lenkradwinkel empfindlicher auf Unterschiede zwischen Simulation und Messung in der Fahrzeugdynamik reagiert.

5.4.3 Validierung der Erprobung

Nach der Umsetzung der neuen Erprobung am Prüfstand können die Ergebnisse anhand der Einsatzszenarien *(S4) Validierung des Systemverbunds mittels Messdaten* und *(S5) Datenzugänglichkeit und -bereitstellung* validiert werden. Im ersten Schritt wird hierzu eine Messung aus einer Fahrzeugerprobung auf dem Handlingkurs in den digitalen Schatten integriert. Durch eine Übersetzungstabelle erfolgt eine Harmonisierung der Signalnamen der Fahrzeugmessung mit der Struktur des Prüfstandes.

Die Validierung basiert auf den in Abbildung 5.14 dargestellten Daten. Die Abbildung vergleicht den Schwimmwinkel des Fahrzeugs aus der Fahrzeugerprobung mit den Messergebnissen der Prüfstandserprobung. Während beide Erprobungen mit demselben Fahrzeug durchgeführt wurden, ist der Referenzschwimmwinkel ausschließlich am Prüfstand verfügbar. Die beobachteten Abweichungen lassen sich unter anderem auf Unterschiede im Softwarestand des Antriebsstrangs zurückführen, wobei auch weitere Einflussfaktoren nicht ausgeschlossen werden können.

Zunächst ist erkennbar, dass der Algorithmus zur Trajektoriengenerierung die Kurve im Bereich zwischen 700 m und 900 m als nicht driftfähig einstuft, obwohl sie vom Testfahrer im Drift durchfahren wurde. Der schnelle Wechsel des Vorzeichens des Schwimmwinkels deutet darauf hin, dass es sich um eine Links-

Rechts-Kombination handelt. Daher sollte diese Situation im Algorithmus optimiert werden.

Des Weiteren zeigt sich, dass in der Fahrzeugerprobung kein konstanter Schwimmwinkel gehalten werden konnte. Insgesamt stimmen die Amplituden des Schwimmwinkels zwischen Fahrzeug- und Prüfstandserprobung weitgehend überein. Allerdings erfolgt die Drifteinleitung am Prüfstand stets mit einer Verzögerung. Ein prädiktiver Regleransatz könnte hier potenziell Abhilfe schaffen.

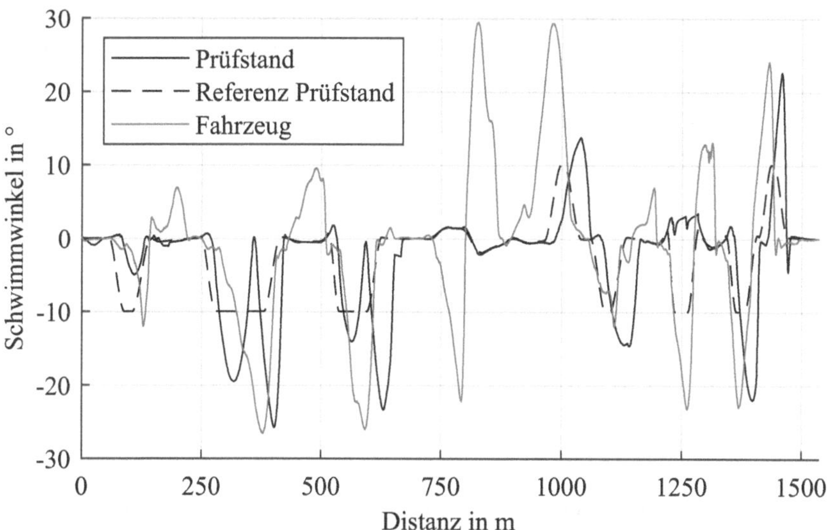

Abbildung 5.14: Vergleich des Driftverhaltens des Fahrzeuges zwischen Prüfstand und Fahrzeugerprobung

5.5 Reintegration des operativen digitalen Zwillings

Die Reintegration des operativen digitalen Zwillings erfolgt durch die Überführung der im Validierungsprozess gewonnenen Modelle und Erkenntnisse in den initialen digitalen Zwilling. Ein zentraler Schritt dabei ist die Implementierung des optimierten Antriebsstrangmodells einschließlich der identifizierten Parameter.

Dieses Modell dient als Ausgangspunkt für die Simulation und Analyse weiterer Drift-Manöver, durch die eine detaillierte Abbildung der Stabilitätssysteme erfolgt.

Darüber hinaus liefert die Identifikation der Systemlatenz wichtige Informationen für die Prüfstandsregelsysteme, insbesondere ermöglicht die Berücksichtigung der Latenz eine präzisere Abstimmung von Regelstrategien sowie eine optimierte Synchronisation zwischen digitalem Zwilling und cyberphysischem System.

Zusätzlich wurde das erweiterte Fahrermodell in den initialen digitalen Zwilling integriert. Dieses Modell bildet das Fahrverhalten während des Drifts ab und trägt dazu bei, die Interaktion zwischen Fahrer und Fahrzeug genauer zu analysieren. Durch diese Reintegration wird die Grundlage für Einsatzszenarien des digitalen Zwillings geschaffen, sodass zukünftige Simulationsstudien eine noch höhere Übereinstimmung erreichen.

5.6 Bewertung der Methode

Im Folgenden werden die in Abschnitt 3.3 ausgewählten Einsatzszenarien anhand der Anwendung der Methode systematisch bewertet. Auf Basis dieser Analyse werden anschließend allgemeingültige Anforderungen abgeleitet.

Der erste Abschnitt zur Implementierung des operativen digitalen Zwillings beschreibt die Anwendung des Einsatzszenarios *(S1) Weiterentwicklung der Modelle im gesamten Systemverbund* . Hierfür wird die Echtzeitsimulation des Prüfstandes um ein erweitertes Fahrermodell ergänzt. In diesem Kontext konnte das neue Fahrermodell erfolgreich in den operativen digitalen Zwilling integriert werden. Dabei wurde nicht nur die Lauffähigkeit des Modells sichergestellt, sondern auch dessen funktionale Korrektheit im Zusammenspiel mit den übrigen Modellen überprüft.

Die validierte Simulation konnte anschließend auf den Prüfstand übertragen werden. Durch abschließende Tests konnte die Anzahl der erforderlichen Kompilierungsvorgänge der Echtzeitsimulation reduziert werden. Zudem verbessert sich die Struktur der Modelle, da ohne den digitalen Zwilling kleinere Modellanpassungen häufig direkt im Automatisierungssystem vorgenommen werden, um ein erneutes Kompilieren zu vermeiden. Dies kann jedoch zu einer erhöhten Systemkomplexität und potenziellen Inkonsistenzen zwischen Simulation und realer Implementierung führen. Die Überprüfung der funktionalen Korrektheit trägt zudem dazu bei, die Anzahl der nachträglichen Anpassungen nach der Kompilierung weiter zu minimieren.

In der Anwendung der Methode lassen sich zwei weitere erfolgreich umgesetzte Einsatzszenarien identifizieren: *(S4) Validierung des Systemverbunds mittels Messdaten* und *(S5) Datenzugänglichkeit und -bereitstellung* . Durch die strukturierte Integration des digitalen Schattens ist es möglich, Messdaten aus realen Fahrzeugmessungen in den digitalen Zwilling zu übertragen. Diese Daten ermöglichen einen umfassenden Vergleich zwischen den Simulationsergebnissen der virtuellen Modelle, den Messdaten des Prüfstandes und den realen Fahrzeugmessungen, wodurch die Modellgüte und die Aussagekraft der Simulationen weiter verbessert werden können.

Das Einsatzszenario *(S7) Verifizierung der Parametrierung vor der Erprobung* wurde im Rahmen der Methodenanwendung nicht berücksichtigt. Allerdings konnte während der Validierung des operativen digitalen Zwillings ein Vergleich zwischen den Prüfstandsmessungen und der Simulation durchgeführt werden. Dabei erreichten die analysierten Signale einen Determinationskoeffizienten R^2 von über 88 %, was auf eine hohe Übereinstimmung der Modelle mit den realen Messdaten hinweist.

Dieser Vergleich belegt, dass eine Parametrierung bereits vor der Erprobung im digitalen Zwilling möglich ist. Anschließend können die optimierten Parameter auf den Prüfstand übertragen werden. Dabei wurde für die Übertragungseffizienz E_{par} bei 285 Parametern ein Wert von 0,5 ermittelt, was auf Optimierungspotenzial in der Parametermigration hinweist.

Im zweiten Abschnitt des Einsatzes des operativen digitalen Zwillings wurde das Einsatzszenario *(S8) Reglerapplikation unter Berücksichtigung der Dynamik des Testobjekts* verwendet, um die Parameter des neuen Fahrermodells innerhalb der Simulation zu identifizieren und anschließend auf den Prüfstand zu übertragen. Aufgrund erheblicher Abweichungen mit einem MAE von 73,03° für den Lenkradwinkel und 8,65 % über alle Driftsegmente konnte zwar eine grundlegende Parametrierung im digitalen Zwilling vorgenommen werden, jedoch ist eine nachträgliche Anpassung der Parameter am Prüfstand erforderlich.

Dieser Anwendungsfall stellt eine besondere Herausforderung dar, da die hohe Fahrzeugdynamik in Kombination mit stabilisierenden Regelungsfunktionen, die in die Drehmomentgenerierung des Antriebsstrangs eingreifen, die Modellabstimmung erheblich erschwert. Im selben Abschnitt wurde zudem das Einsatzszenario

(S9) Analyse und Behebung von Fehlerfällen angewandt. Dabei konnten die Parameter mit einer Übertragungseffizienz von $E_{par} = 0,99$ in den digitalen Zwilling übertragen werden. Dieses Einsatzszenario ermöglichte die erfolgreiche Anpassung des Regelungssystems von einem heckangetriebenen auf ein allradangetriebenes Fahrzeug.

Darüber hinaus wurden die Einsatzszenarien aus dem Cluster Prüfprogramm untersucht, wobei *(PP2) Digitale Erprobung neuer Prüfprogramme* innerhalb des Einsatzszenarios *(PP1) Design und Implementierung neuer Prüfprogramme* zur Anwendung kam. In diesem Kontext konnte die zuvor generierte Trajektorie in ein ausführbares Prüfprogramm für den Antriebsstrangprüfstand überführt werden. Allerdings lassen sich aufgrund der unzureichenden Abbildung der Stabilisierungsfunktionen des Antriebsstrangs nur bedingt belastbare Rückschlüsse auf die tatsächlichen Beanspruchungen des Testobjekts ziehen.

Zusammenfassend ist die Modellierungsqualität des digitalen Zwillings stark vom Erprobungsziel und dem jeweiligen Einsatzszenario abhängig. Während der hier genutzte operative digitale Zwilling für den Einsatz im Rundstreckenbetrieb geringe Fehlerwerte aufweist, erweist sich die Modellierungsqualität für die Parametrierung von Reglern im Driftbetrieb als unzureichend. Eine entscheidende Rolle spielt dabei der Detailierungsgrad sowie die Verfügbarkeit des Modells des Testobjekts, da bereits eine Änderung des Erprobungsziels Anpassungen erforderlich machen kann.

Darüber hinaus ist eine Abwägung zwischen dem Modellierungsaufwand und dem erzielbaren Nutzen durch die Virtualisierung essenziell. Eine mögliche Optimierung besteht in der Anbindung an eine Bibliothek mit Antriebsstrangmodellen aus vorherigen Entwicklungsphasen, um den Modellaufbau zu erleichtern. Zudem kann die kontinuierliche Rückführung der Modelle in den initialen digitalen Zwilling die Modellqualität mit zunehmender Nutzung weiter verbessern. Gleichzeitig reduziert sich der Aufwand für den Aufbau des operativen digitalen Zwillings durch die Wiederverwendung bestehender Modelle, wodurch die Effizienz des gesamten Entwicklungsprozesses gesteigert werden kann.

Die Übertragbarkeit der Parameter vom digitalen Zwilling auf den Prüfstand ist mit einem Wert von $E_{par} = 0.5$ für die Anzahl der zu übertragenden Parameter mit erheblichem Aufwand verbunden. Im Gegensatz dazu können die Parameter vom Prüfstand mit hoher Effizienz in den digitalen Zwilling integriert werden.

Die Bedienbarkeit des digitalen Zwillings unterscheidet sich in den einzelnen Methodenschritten. Bei der Konfiguration des operativen digitalen Zwillings erfordert der Aufbau der Modelle fundierte Systemkenntnisse sowie Programmierexpertise in der jeweiligen Programmiersprache. Der Einsatz des operativen digitalen Zwillings ist mit Hilfe von Parametereditoren und Visualisierungsapplikationen auch ohne fundierte Vorkenntnisse möglich.

Eine Übertragung der Methode auf weitere Prüfstandstypen ist grundsätzlich möglich, da die zugrunde liegenden Funktionen aus der Forschung zu virtuellen Prüfständen verschiedener Art abgeleitet wurden. Allerdings liegt der methodische Fokus auf der Echtzeitsimulation und der Prüfstandsprogrammierung, sodass nur begrenzte Rückschlüsse auf den Aufbau eines digitalen Zwillings für Einsatzszenarien in unterschiedlichen Modellierungsdomänen gezogen werden können.

6 Zusammenfassung und Ausblick

Der Einsatz von Antriebsstrangprüfständen in Kombination mit einer Echtzeitsimulation im PiL-Betrieb ermöglicht die Verlagerung von Fahrzeugerprobungen auf den Prüfstand. Die virtuelle Umgebung erlaubt die realitätsnahe Abbildung verschiedener Szenarien und gleichzeitig die Nutzung der Vorteile eines Prüfstands. In der vorliegenden Arbeit wurde der zunehmenden Komplexität der Echtzeitsimulation durch die Konzeption einer Methode zur Virtualisierung von Arbeitsprozessen eines Antriebsstrangprüfstands unter Verwendung eines digitalen Zwillings entgegengewirkt.

Zu diesem Zweck wurde zunächst die zentrale Forschungsfrage formuliert: Kann die Virtualisierung von Arbeitsprozessen an Antriebsstrangprüfständen mithilfe eines digitalen Zwillings dazu beitragen, die Testdurchlaufzeiten zu verkürzen und die Messdatenqualität zu optimieren? Auf dieser Grundlage wurden die Einsatzszenarien eines digitalen Zwillings für Antriebsstrangprüfstände identifiziert und hinsichtlich ihres Einsatzpotenzials sowie der zugehörigen Modellierungsdomäne klassifiziert. Die folgende Konzeption einer Methode basiert auf den Einsatzszenarien, die sich mit der Echtzeitsimulation und dem Prüfprogramm beschäftigen und das höchste Einsatzpotenzial aufweisen. Im Anschluss erfolgt die Definition messbarer Erfolgskriterien zur Bewertung der Methode, wobei sich diese auf die Modellierungsqualität des digitalen Zwillings sowie die Übertragbarkeit zum cyberphysischen System beziehen. Basierend auf den Erfolgskriterien können Einflussfaktoren zur erfolgreichen Implementierung des Forschungsvorhabens definiert werden.

Die erarbeiteten Einflussfaktoren auf den Erfolg der Methode wurden in fünf Prozessschritten systematisch adressiert. Gemäß der Methode wird zu Beginn ein initialer digitaler Zwilling aufgebaut, der als Ausgangspunkt für alle Einsatzszenarios dient. Ausgehend von einer spezifischen Erprobung und dem intendierten Einsatzszenario des digitalen Zwillings beginnt ein iterativer Prozess. Eine Anwendungsfallanalyse identifiziert die Anforderungen an einen operativen Zwilling, der explizit für die spezifische Erprobung und das Einsatzszenario konfiguriert wird. Die Durchführung des Einsatzszenarios erfolgt anschließend mithilfe des Zwillings. Den Abschluss des Prozesses bildet die Rückführung der im operativen digitalen Zwilling generierten Informationen und Modelle in den initialen digitalen Zwilling.

J. Schilling, *Digitaler Zwilling zur Virtualisierung von Arbeitsprozessen am Powertrain-in-the-Loop-Prüfstand*, Wissenschaftliche Reihe Fahrzeugtechnik Universität Stuttgart, https://doi.org/10.1007/978-3-658-51020-6_6

Die vorliegende Dissertation widmet sich zudem der Modellierung eines hochdynamischen Fahrermodells und beinhaltet Bewertungskriterien für Fahrermodelle sowie eine Vorgehensweise zur Modellierung eines Fahrermodells mittels Reinforcement-Learning. Zusätzlich wird ein Fahrmodell entwickelt, das gezielt einen Drift ausführen kann, sowohl auf Basis klassischer Regelungstechnik als auch mittels Reinforcement Learning. Beide Modellvarianten sind in der Lage, einem vorgegebenen Schwimmwinkel auf einer definierten Strecke zu folgen. Dabei zeigt das regelungstechnische Modell eine geringere Querabweichung und einen geringeren Schwimmwinkelfehler im Vergleich zum Reinforcement Learning Modell. Zudem zeichnet sich die klassische Regelungstechnik durch eine transparente Struktur aus und ist daher im Gegensatz zur RL-Modellierung gezielt analysier- und debugbar.

Daher fokussiert sich die Anwendung der Methode zur Virtualisierung von Arbeitsprozessen eines Antriebsstrangprüstands auf die Integration des regelungstechnischen Fahrers. Das Ziel der untersuchten Erprobung ist die Prüfung der Driftfähigkeit eines Fahrzeugs zur Vorbereitung einer Fahrzeugerprobung. Die Anforderungen an den operativen digitalen Zwilling umfassen eine exakte Abbildung der Drehmomenterzeugung sowie mögliche Eingriffe von Steuergerätefunktionen zur Stabilisierung des Fahrzeugs. Nach dem Aufbau des operativen digitalen Zwillings wird dieser für drei Einsatzszenarien verwendet. Dies umfasst erstens die Integration und Auslegung der neuen Drift-Strecke, zweitens die Implementierung und Parametrierung des neuen Fahrermodells und drittens den Vergleich der Versuchsergebnisse des Prüfstands mit realen Fahrzeugmessungen.

Die abschließende Evaluation der Methode demonstriert, dass die Virtualisierung von Arbeitsprozessen des Antriebsstrangprüfstandes einen signifikanten Beitrag zur Optimierung der Messdatenqualität leistet. Dies resultiert aus der Möglichkeit, Modelle in einer virtuellen Umgebung zu entwickeln und umfassend zu testen, bevor sie auf den Prüfstand übertragen werden. Dieser Ansatz wurde ebenso für Prüfprogramme angewandt. Zusätzlich können die Messergebnisse auf Basis der Struktur des digitalen Zwillings mit geringem Aufwand mit realen Fahrzeugdaten validiert werden. Obwohl die Vorerprobung der Prüfprogramme zu einer Reduktion der Testdurchlaufzeiten führte, konnte eine Parametrierung des neuen Fahrermodells nur bedingt im digitalen Zwilling vorgenommen werden. Dies ist auf die unzureichende Abbildung von Antriebsstrangregelsystemen zurückzuführen, sodass die Parameter lediglich als Ausgangslage für eine neue Parametrierung am Prüfstand genutzt werden können.

Letzteres verdeutlicht die Limitierungen der Methode. Die Qualität der Ergebnisse des digitalen Zwillings ist abhängig von der Modellierungsqualität der virtuellen Modelle, insbesondere der Antriebsstrangmodelle. In Abhängigkeit vom Einsatzszenario sind detaillierte Antriebsstrangmodelle in der frühen Phase der Entwicklung in Kombination mit aktuellen Steuergerätefunktionen erforderlich. Hier ist eine Abwägung zwischen dem Aufwand für die Erstellung oder Beschaffung und Integration der Modelle und dem Ertrag durch das Einsatzszenario erforderlich.

Trotz der bestehenden Einschränkungen stellt diese Methode ein neuartiges Werkzeug zur Steigerung der Effizienz von Antriebsstrangprüfständen mit Echtzeitsimulation dar. Die Methode ermöglicht eine virtuelle Ausführung der mit der Echtzeitsimulation assoziierten Arbeitsprozesse. In der Konsequenz können Prozesse aus der Inbetriebnahme- und Durchführungsphase in die Vorbereitungsphase verlagert werden, sodass die Prüfstandsbelegung ausschließlich für die Generierung von Messdaten genutzt werden kann.

Ein potenzieller Ansatzpunkt für weitere Forschungsarbeiten könnte die Integration von Modellen aus unterschiedlichen Modellierungsdomänen sein, wodurch neue Einsatzszenarien entstünden. Ein Teil dieser Untersuchung sollte sich mit der Quantifizierung des Modellierungsaufwands im Verhältnis zum Ertrag des jeweiligen Einsatzszenarios befassen. Darüber hinaus könnte zukünftige Forschung die Analyse der Erfolgskriterien über einen längeren Zeitraum hinweg umfassen, um die Ergebnisse des Einsatzes detailliert zu evaluieren und messbar zu machen.

Literatur

[1] S. Krysmon, S. Pischinger, J. Claßen, G. Trendafilov, M. Düzgün, F. Dorscheidt, M. Nijs und M. Görgen. „Applying Density-Based Clustering for the Analysis of Emission Events in Real Driving Emissions Calibration". In: *Future Transportation* 4.1 (Jan. 2024), S. 46–66. ISSN: 2673-7590. DOI: 10.3390/futuretransp4010004.

[2] C. Donn, W. Zulehner und F. Pfister. „Realfahrtests für die Antriebsentwicklung mithilfe des virtuellen Fahrversuchs". In: *ATZextra* 24.S3 (Mai 2019), S. 44–49. ISSN: 2195-1462. DOI: 10.1007/s35778-019-0030-6.

[3] J. Andert, F. Xia, S. Klein, D. Guse, R. Savelsberg, R. Tharmakulasingam, M. Thewes und J. Scharf. „Road-to-rig-to-desktop: Virtual development using real-time engine modelling and powertrain co-simulation". In: *International Journal of Engine Research* 20.7 (Apr. 2018), S. 686–695. ISSN: 2041-3149. DOI: 10.1177/1468087418767221.

[4] M. Mennicken, G. Jacobs, P. Jagla, J. Odenthal und G. Hoepfner. „Efficient HiL-Testing for Electric Heavy-Duty Drivetrains using Model-Based Systems Engineering". In: *Commercial Vehicle Technology 2024*. Springer Fachmedien Wiesbaden, 2024, S. 222–236. ISBN: 9783658456993. DOI: 10.1007/978-3-658-45699-3_13.

[5] F. Tao, M. Zhang und A. Nee. „Five-Dimension Digital Twin Modeling and Its Key Technologies". In: *Digital Twin Driven Smart Manufacturing*. Elsevier, 2019, S. 63–81. ISBN: 9780128176306. DOI: 10.1016/b978-0-12-817630-6.00003-5.

[6] S. Mihai, M. Yaqoob, D. V. Hung, W. Davis, P. Towakel, M. Raza, M. Karamanoglu, B. Barn, D. Shetve, R. V. Prasad, H. Venkataraman, R. Trestian und H. X. Nguyen. „Digital Twins: A Survey on Enabling Technologies, Challenges, Trends and Future Prospects". In: *IEEE Communications Surveys & Tutorials* 24.4 (2022), S. 2255–2291. ISSN: 2373-745X. DOI: 10.1109/comst.2022.3208773.

[7] F. Biesinger, B. Kras und M. Weyrich. „A Survey on the Necessity for a Digital Twin of Production in the Automotive Industry". In: *2019 23rd*

J. Schilling, *Digitaler Zwilling zur Virtualisierung von Arbeitsprozessen am Powertrain-in-the-Loop-Prüfstand*, Wissenschaftliche Reihe Fahrzeugtechnik Universität Stuttgart, https://doi.org/10.1007/978-3-658-51020-6

International Conference on Mechatronics Technology (ICMT). IEEE, Okt. 2019. DOI: 10.1109/icmect.2019.8932144.

[8] A. F. Mendi. „A Digital Twin Case Study on Automotive Production Line“. In: *Sensors* 22.18 (Sep. 2022), S. 6963. ISSN: 1424-8220. DOI: 10.3390/s22186963.

[9] S. Braun, M. Dalibor, N. Jansen, M. Jarke, I. Koren, C. Quix, B. Rumpe, M. Wimmer und A. Wortmann. „Engineering Digital Twins and Digital Shadows as Key Enablers for Industry 4.0“. In: *Digital Transformation*. Springer Berlin Heidelberg, 2023, S. 3–31. ISBN: 9783662650042. DOI: 10.1007/978-3-662-65004-2_1.

[10] M. Paulweber und K. Lebert. *Mess- und Prüfstandstechnik*. Springer Fachmedien Wiesbaden, 2014. DOI: 10.1007/978-3-658-04453-4.

[11] C. Schyr. „Modellbasierte Methoden für die Validierungsphase im Produktentwicklungsprozess mechatronischer Systeme am Beispiel der Antriebsstrangentwicklung“. Diss. 2006. DOI: 10.5445/IR/1000004252.

[12] L. Bauer, M. Kley und M. Bauer. „Modellbasierte Validierung der Prüfstandsdynamik zur Erprobung von Komponenten elektrifizierter Antriebsstränge mithilfe eines digitalen Zwillings“. In: *Stuttgarter Symposium für Produktentwicklung SSP 2021 : Stuttgart, 20. Mai 2021, Wissenschaftliche Konferenz*. Mai 2021.

[13] Verein Deutscher Ingenieure (VDI). *Entwicklung mechatronischer und cyber-physischer Systeme*. Düsseldorf, Nov. 2021.

[14] U. Weinrich, M. Orner, M. Schlüter und G. Baumann. „Neues Elektroantriebslabor für das Automobil der Zukunft“. In: *MTZextra* 23.S2 (Sep. 2018), S. 30–35. DOI: 10.1007/s41490-018-0008-0.

[15] A. Wagner, A. Krätschmer und H. C. Reuss. „The FKFS High-Performance Electric Powertrain Test Bench“. In: *21. Internationales Stuttgarter Symposium*. Springer Fachmedien Wiesbaden, 2021, S. 192–202. DOI: 10.1007/978-3-658-33521-2_14.

[16] A. Martyr und M. Plint. „Powertrain Test Facility Design and Construction“. In: *Engine Testing*. Elsevier, 2012, S. 51–87. ISBN: 9780080969497. DOI: 10.1016/b978-0-08-096949-7.00004-2.

[17] R. Schupbach und J. Balda. „A versatile laboratory test bench for developing powertrains of electric vehicles“. In: *Proceedings IEEE 56th Vehicular Technology Conference*. Bd. 3. Sep. 2002, S. 1666–1670. DOI: 10.1109/VETECF.2002.1040499.

[18] M. Böhm, N. Stegmaier, G. Baumann und H.-C. Reuss. „Der Neue Antriebsstrangund Hybrid -Prüfstand der Universität Stuttgart“. In: *MTZ - Motortechnische Zeitschrift* 72.9 (Sep. 2011), S. 698–701. DOI: 10.1365/s35146-011-0156-6.

[19] C. Pohlandt, S. Haag, M. Geimer und P. Gratzfeld. „Dynamischer Prüfstand für elektrische Antriebssysteme“. In: *ATZoffhighway* 7.2 (Juli 2014), S. 70–80. DOI: 10.1365/s35746-014-0180-9.

[20] M. Jaksch und H.-C. Reuss. „Building a Highly Dynamic, High Power Test Bench for Electric Powertrains“. In: *33nd Electric Vehicle Symposium (EVS33)*. Hrsg. von zendo. Zenodo, Sep. 2020. DOI: 10.5281/ZENODO.4026740.

[21] K. Borgeest. *Messtechnik und Prüfstände für Verbrennungsmotoren: Messungen am Motor, Abgasanalytik, Prüfstände und Medienversorgung*. Springer Fachmedien Wiesbaden, 2024. ISBN: 9783658432843. DOI: 10.1007/978-3-658-43284-3.

[22] K. Borgeest. *Elektronik in der Fahrzeugtechnik: Hardware, Software, Systeme und Projektmanagement*. Springer Fachmedien Wiesbaden, 2023. ISBN: 9783658414832. DOI: 10.1007/978-3-658-41483-2.

[23] A. Albers, M. Kühl, K. Müller-Glaser und C. Schyr. „Vernetzung von Steuergeräten an Antriebsstrang-Prüfständen“. In: *ATZ - Automobiltechnische Zeitschrift* 106.10 (Okt. 2004), S. 934–941. ISSN: 2192-8800. DOI: 10.1007/bf03221668.

[24] W. Zhao, Q. Song, W. Liu, M. Ahmad und Y. Li. „Distributed Electric Powertrain Test Bench With Dynamic Load Controlled by Neuron PI Speed-Tracking Method“. In: *IEEE Transactions on Transportation Electrification* 5.2 (Juni 2019), S. 433–443. ISSN: 2372-2088. DOI: 10.1109/tte.2019.2904652.

[25] W. Rossegger, S. Pircher, T. Stainer, R. Bauer und T. Haidinger. „Verfahren und Prüfstand zur Nachbildung des Fahrverhaltens eines Fahrzeugs“. Deutsch. World patent WO 2011/038429A1 (Graz). 2011.

[26] Y. Zha, J. Deng, Y. Qiu, K. Zhang und Y. Wang. „A Survey of Intelligent Driving Vehicle Trajectory Tracking Based on Vehicle Dynamics“. In: *SAE International Journal of Vehicle Dynamics, Stability, and NVH* 7.2 (Mai 2023). ISSN: 2380-2170. DOI: 10.4271/10-07-02-0014.

[27] N. Stegmaier. „Regelung von Antriebsstrangprüfständen“. Diss. 2019. ISBN: 9783658242701. DOI: 10.1007/978-3-658-24270-1.

[28] H.-J. von Thun. „Dynamic Imporvements of Controlled Multi-Machine Test Stands“. In: *4th International Symposium of Engine Testing Automation*. Hrsg. von Automotive Automation Ltd. Naples, Sep. 1975.

[29] R. Bauer. „New Methodology for Dynamic Drive Train Testing“. In: *SAE Technical Paper Series*. GMDMEETING. SAE International, Jan. 2011. DOI: 10.4271/2011-26-0045.

[30] J. Millitzer, D. Mayer, C. Henke, T. Jersch, C. Tamm, J. Michael und C. Ranisch. „Recent Developments in Hardware-in-the-Loop Testing“. In: *Model Validation and Uncertainty Quantification, Volume 3*. Springer International Publishing, Juli 2018, S. 65–73. ISBN: 9783319747934. DOI: 10.1007/978-3-319-74793-4_10.

[31] H. Schmidt, K. Büttner und G. Prokop. „Methods for Virtual Validation of Automotive Powertrain Systems in Terms of Vehicle Drivability—A Systematic Literature Review“. In: *IEEE Access* 11 (2023), S. 27043–27065. ISSN: 2169-3536. DOI: 10.1109/access.2023.3257106.

[32] N. Sureshbabu, M. Loftus und P. Ohtonen. „Real-Time Simulation with Powertrain-in-the-Loop 1“. In: *IFAC Proceedings Volumes* 33.26 (Sep. 2000), S. 799–804. ISSN: 1474-6670. DOI: 10.1016/s1474-6670(17)39243-1.

[33] A. Vietinghoff. *Nichtlineare Regelung von Kraftfahrzeugen in querdynamisch kritischen Fahrsituationen*. [Erscheinungsort nicht ermittelbar]: KIT Scientific Publishing, 2008. 1232 S. ISBN: 9783866442238.

[34] H. B. Pacejka. *Tire and Vehicle Dynamics*. 3th. Elsevier, 2012. ISBN: 9780080970165. DOI: 10.1016/c2010-0-68548-8.

[35] P. Fajri, R. Ahmadi und M. Ferdowsi. „Test bench for emulating electric-drive vehicle systems using equivalent vehicle rotational inertia“. In: *2013 IEEE Power and Energy Conference at Illinois (PECI)*. IEEE, Feb. 2013. DOI: 10.1109/peci.2013.6506039.

[36] P. Brodbeck, M. Pfeiffer, S. Germann, C. Schyr und S. Ludemann. „Verbesserung der Simulationsgüte von Antriebsstrangprüfständen mittels Reifenschlupfsimulation“. In: *Getriebe in Fahrzeugen*. Hrsg. von VDI. 2001, S. 137–153.

[37] S. Jeschke, H. Hirsch, M. Koppers und D. Schramm. „HiL simulation of electric vehicles in different usage scenarios“. In: *2012 IEEE International Electric Vehicle Conference*. IEEE, März 2012. DOI: 10.1109/ievc.2012.6183193.

[38] D. Erdogan, Z. P. Du, S. Jakubek, F. Holzinger, C. Mayr und C. Hametner. „Experimental Validation of Innovative Control Concepts for Powertrain Test Beds in Power Hardware-in-the-Loop Configuration“. In: *IEEE Open Journal of Industry Applications* (2024), S. 1–14. ISSN: 2644-1241. DOI: 10.1109/ojia.2024.3366524.

[39] P. Liu, Z. Jin, Y. Hua und L. Zhang. „Development of Test-Bed Controller for Powertrain of HEV“. In: *Energies* 13.13 (Juli 2020), S. 3372. DOI: 10.3390/en13133372.

[40] C. Lensch-Franzen, M. Friedmann, C. Donn und C. Rohrpasser. „Testing with Virtual Prototype Vehicles on the Test Bench“. In: *ATZ worldwide* 119.10 (Sep. 2017), S. 36–41. DOI: 10.1007/s38311-017-0100-6.

[41] C. Heusch, S. Pischinger, D. Guse und S. Trampert. „Objektivierte Fahrbarkeitsuntersuchung am Powertrain-in-the-Loop-Prüfstand“. In: *MTZextra* 26.S1 (Aug. 2021), S. 24–29. ISSN: 2509-4599. DOI: 10.1007/s41490-021-0330-9.

[42] J. Schilling, J.-M. Wilmsen, H.-C. Reuss, H. Schmidt und G. Prokop. „Automated and Virtual Optimization of Race-track Simulation Parameters on the Powertrain Test Bench“. In: *32nd Aachen Colloquium Sustainable Mobility 2023*. Hrsg. von Aachener Kolloquium Fahrzeug- und Motorentechnik GbR. Bd. 32. Aachen, 2023.

[43] H. Fagcang, R. Stobart und T. Steffen. „A review of component-in-the-loop: Cyber-physical experiments for rapid system development and integration“. In: *Advances in Mechanical Engineering* 14.8 (Aug. 2022). ISSN: 1687-8140. DOI: 10.1177/16878132221109969.

[44] E. Donges. „Fahrerverhaltensmodelle“. In: *Handbuch Fahrerassistenzsysteme*. Springer Fachmedien Wiesbaden, 2015, S. 17–26. ISBN: 9783658057343. DOI: 10.1007/978-3-658-05734-3_2.

[45] J. A. Michon. „A Critical View of Driver Behavior Models: What Do We Know, What Should We Do?“ In: *Human Behavior and Traffic Safety*. Springer US, 1985, S. 485–524. ISBN: 9781461321736. DOI: 10.1007/978-1-4613-2173-6_19.

[46] A. Artuñedo, M. Moreno-Gonzalez und J. Villagra. „Lateral control for autonomous vehicles: A comparative evaluation“. In: *Annual Reviews in Control* 57 (2024), S. 100910. ISSN: 1367-5788. DOI: 10.1016/j.arcontrol.2023.100910.

[47] F. Leon und M. Gavrilescu. „A Review of Tracking and Trajectory Prediction Methods for Autonomous Driving“. In: *Mathematics* 9.6 (März 2021), S. 660. ISSN: 2227-7390. DOI: 10.3390/math9060660.

[48] S. Xu und H. Peng. „Design, Analysis, and Experiments of Preview Path Tracking Control for Autonomous Vehicles“. In: *IEEE Transactions on Intelligent Transportation Systems* 21.1 (Jan. 2020), S. 48–58. ISSN: 1558-0016. DOI: 10.1109/tits.2019.2892926.

[49] Q. Yao, Y. Tian, Q. Wang und S. Wang. „Control Strategies on Path Tracking for Autonomous Vehicle: State of the Art and Future Challenges“. In: *IEEE Access* 8 (2020), S. 161211–161222. ISSN: 2169-3536. DOI: 10.1109/access.2020.3020075.

[50] Y. Kebbati, N. Ait-Oufroukh, D. Ichalal und V. Vigneron. „Lateral control for autonomous wheeled vehicles: A technical review“. In: *Asian Journal of Control* 25.4 (Nov. 2022), S. 2539–2563. ISSN: 1934-6093. DOI: 10.1002/asjc.2980.

[51] P. Stano, U. Montanaro, D. Tavernini, M. Tufo, G. Fiengo, L. Novella und A. Sorniotti. „Model predictive path tracking control for automated road vehicles: A review“. In: *Annual Reviews in Control* 55 (2023), S. 194–236. ISSN: 1367-5788. DOI: 10.1016/j.arcontrol.2022.11.001.

[52] M. Rokonuzzaman, N. Mohajer, S. Nahavandi und S. Mohamed. „Review and performance evaluation of path tracking controllers of autonomous vehicles“. In: *IET Intelligent Transport Systems* 15.5 (März 2021), S. 646–670. ISSN: 1751-9578. DOI: 10.1049/itr2.12051.

[53] M. Dalibor, N. Jansen, B. Rumpe, D. Schmalzing, L. Wachtmeister, M. Wimmer und A. Wortmann. „A Cross-Domain Systematic Mapping Study on Software Engineering for Digital Twins“. In: *Journal of Systems and Software* 193 (Nov. 2022), S. 111361. ISSN: 0164-1212. DOI: 10.1016/j.jss.2022.111361.

[54] F. Tao, M. Zhang, Y. Liu und A. Nee. „Digital twin driven prognostics and health management for complex equipment“. In: *CIRP Annals* 67.1 (2018), S. 169–172. ISSN: 0007-8506. DOI: 10.1016/j.cirp.2018.04.055.

[55] H. van der Valk, H. Haße, F. Möller und B. Otto. „Archetypes of Digital Twins“. In: *Business & Information Systems Engineering* 64.3 (Dez. 2021), S. 375–391. ISSN: 1867-0202. DOI: 10.1007/s12599-021-00727-7.

[56] W. Kritzinger, M. Karner, G. Traar, J. Henjes und W. Sihn. „Digital Twin in manufacturing: A categorical literature review and classification“. In: *IFAC-PapersOnLine* 51.11 (2018), S. 1016–1022. ISSN: 2405-8963. DOI: 10.1016/j.ifacol.2018.08.474.

[57] M. Grieves. *Digital Twin: Manufacturing Excellence through Virtual Factory Replication*. Whitepaper. This paper introduces the concept of a “Digital Twin” as a virtual representation of what has been produced. Compare a Digital Twin to its engineering design to better understand what was produced versus what was designed, tightening the loop between design and execution. 2014. URL: https://www.researchgate.net/publication/275211047_Digital_Twin_Manufacturing_Excellence_through_Virtual_Factory_Replication/comments.

[58] T. Fuchs, M. Zinser, K. Renatus und B. Bäker. „Datenmodell digitaler Zwillinge im Automobil“. In: *ATZelektronik* 16.9 (Sep. 2021), S. 52–57. ISSN: 2192-8878. DOI: 10.1007/s35658-021-0664-1.

[59] F. Biesinger und M. Weyrich. „The Facets of Digital Twins in Production and the Automotive Industry“. In: *2019 23rd International Conference on Mechatronics Technology (ICMT)*. IEEE, Okt. 2019, S. 1–6. DOI: 10.1109/icmect.2019.8932101.

[60] D. Piromalis und A. Kantaros. „Digital Twins in the Automotive Industry: The Road toward Physical-Digital Convergence“. In: *Applied System Innovation* 5.4 (Juli 2022), S. 65. ISSN: 2571-5577. DOI: 10.3390/asi5040065.

[61] P. J. Mosterman und J. Zander. „Cyber-physical systems challenges: a needs analysis for collaborating embedded software systems“. In: *Software & Systems Modeling* 15.1 (Aug. 2015), S. 5–16. ISSN: 1619-1374. DOI: 10.1007/s10270-015-0469-x.

[62] G. Schuh, A. Gützlaff, F. Sauermann und J. Maibaum. „Digital Shadows as an Enabler for the Internet of Production". In: *Advances in Production Management Systems. The Path to Digital Transformation and Innovation of Production Management Systems.* Springer International Publishing, 2020, S. 179–186. ISBN: 9783030579937. DOI: 10.1007/978-3-030-57993-7_21.

[63] D. Shangguan, L. Chen und J. Ding. „A Hierarchical Digital Twin Model Framework for Dynamic Cyber-Physical System Design". In: *Proceedings of the 5th International Conference on Mechatronics and Robotics Engineering.* ICMRE'19. ACM, Feb. 2019, S. 123–129. DOI: 10.1145/3314493.3314504.

[64] R. Eramo, F. Bordeleau, B. Combemale, M. v. d. Brand, M. Wimmer und A. Wortmann. „Conceptualizing Digital Twins". In: *IEEE Software* 39.2 (März 2022), S. 39–46. ISSN: 1937-4194. DOI: 10.1109/ms.2021.3130755.

[65] M. Dalibor, M. Heithoff, J. Michael, L. Netz, J. Pfeiffer, B. Rumpe, S. Varga und A. Wortmann. „Generating customized low-code development platforms for digital twins". In: *Journal of Computer Languages* 70 (Juni 2022), S. 101117. ISSN: 2590-1184. DOI: 10.1016/j.cola.2022.101117.

[66] F. Tao, B. Xiao, Q. Qi, J. Cheng und P. Ji. „Digital twin modeling". In: *Journal of Manufacturing Systems* 64 (Juli 2022), S. 372–389. ISSN: 0278-6125. DOI: 10.1016/j.jmsy.2022.06.015.

[67] S. Haag und R. Anderl. „Digital twin – Proof of concept". In: *Manufacturing Letters* 15 (Jan. 2018), S. 64–66. ISSN: 2213-8463. DOI: 10.1016/j.mfglet.2018.02.006.

[68] M. Speckert, K. Dreßler, H. Mauch, A. Lion und G. J. Wierda. *Simulation eines neuartigen Prüfsystems für Achserprobungen durch MKS-Modellierung einschließlich Regelung.* Techn. Ber. 76. Fraunhofer (ITWM), 2005. URL: http://nbn-resolving.de/urn:nbn:de:hbz:386-kluedo-13810.

[69] A. Albers und C. Schyr. „Simulationsunterstützte Auslegung von Antriebsstrang-Prüfständen". In: *ATZ - Automobiltechnische Zeitschrift* 105.6 (Juni 2003), S. 604–611. DOI: 10.1007/bf03221578.

[70] J.-M. Veith und J. Schilling. „Parametrierung und Optimierung eines Fahrreglers mittels virtuellem Antriebsstrangprüfstand". In: *9. AutoTest Fachkonferenz.* 2022.

[71] T. Jung, M. Kötter, J. Schaub, C. Quérel, S. Thewes, H. Hadj-amor, M. Picard und S.-Y. Lee. „Engine-in-the-Loop: A Method for Efficient Calibration and Virtual Testing of Advanced Diesel Powertrains“. In: *Simulation und Test 2018*. Springer Fachmedien Wiesbaden, 2019, S. 209–224. ISBN: 9783658252946. DOI: 10.1007/978-3-658-25294-6_12.

[72] J. Röper. „Entwicklung eines virtuellen Getriebeprüfstands“. Diss. TU Berlin, 2017. DOI: 10.14279/DEPOSITONCE-6073.

[73] N. Weigel, S. Weihe, G. Jung, R. Möller und T. Bruder. „Einsatz virtueller Prüfstände zur Auslegung und Bewertung von Achserprobungen*“. In: *Materials Testing* 53.7–8 (Juli 2011), S. 443–449. ISSN: 0025-5300. DOI: 10.3139/120.110248.

[74] W. Liu, Q. Song, Y. Li und W. Zhao. „A Novel Driver Model for Real-time Simulation on Electric Powertrain Test Bench“. In: *SAE Technical Paper Series*. FFL. SAE International, Okt. 2017. DOI: 10.4271/2017-01-2460.

[75] H. Schmidt und G. Prokop. „Experimental Analysis of Powertrain Test Bed Dynamometers for Black Box-Based Digital Twin Generation“. In: *2023 IEEE Transportation Electrification Conference & Expo (ITEC)*. IEEE, Juni 2023. DOI: 10.1109/itec55900.2023.10187073.

[76] Q. Song, W. Liu, W. Zhao, Y. Li, M. Ahmad und L. Zhao. „Road Load Simulation Algorithms Evaluation Using A Motor-in-the-loop Test Bench“. In: *2019 IEEE Transportation Electrification Conference and Expo, Asia-Pacific (ITEC Asia-Pacific)*. 2019, S. 1–6. DOI: 10.1109/ITEC-AP.2019.8903852.

[77] A. D. Mastro, A. Chasse, P. Pognant-Gros, G. Corde, F. Perez, F. Gallo und G. Hennequet. „Advanced Hybrid Vehicle Simulation: from “Virtual” to “HyHiL” test bench“. In: *SAE Technical Paper Series*. ICE2009. SAE International, Sep. 2009. DOI: 10.4271/2009-24-0068.

[78] D. Winkler, T. Offer und C. Gühmann. „Prüfstandssimulation - Virtueller Motorenprüfstand“. In: *Simulations- und Testmethoden für Software in Fahrzeugsystemen*. Hrsg. von M. Conrad, C. Nytsch-Geusen und A. Wohnhaas. Proceedings der Jahrestagung der ASIM/GI-Fachgruppe 4.5.5 “Simulation. ISSN 1436-9915. Fakultätsdruckerei, 2005, S. 76–85. URL: http://www.iea.tu-berlin.de/uploads/media/ASIM2005_Pruefstandssimulation.pdf.

[79] D. Benz. „The model-based development of a dynamic test bench for testing damper assemblies with a focus on amplitudes with small excitations“. In: *Proceedings of the Institution of Mechanical Engineers, Part D: Journal of Automobile Engineering* (Nov. 2023). ISSN: 2041-2991. DOI: 10.1177/09544070231207523.

[80] J. Pillas. „Modellbasierte Optimierung dynamischer Fahrmanöver mittels Prüfständen“. de. Diss. Darmstadt: TU Darmstadt, 2017. URL: http://tuprints.ulb.tu-darmstadt.de/6685/.

[81] M. Kübler, R. Ammann und M. Wißbach. „VIP, der virtuelle Getriebe-Endprüfstand“. In: *Berechnung, Simulation und Erprobung im Fahrzeugbau 2012 : 16. Kongress SIMVEC ; Baden-Baden, 20. und 21. November 2012*. Hrsg. von VDI Wissensforum GmbH. VDI-Berichte ; 2169. Kongress Berechnung, Simulation und Erprobung im Fahrzeugbau (2012 : Baden-Baden). Düsseldorf: VDI-Verl., 2012.

[82] J. Li, S. Wang, J. Yang, H. Zhang und H. Zhao. „A Digital Twin-Based State Monitoring Method of Gear Test Bench“. In: *Applied Sciences* 13.5 (März 2023), S. 3291. ISSN: 2076-3417. DOI: 10.3390/app13053291.

[83] M. Kötter, B. Lindemann, D. Bergmann, M. Ehrly, T. Jung, M. Nijs, S. Thewes, T. Körfer, S. Trampert, T. Drecq und P. Gautier. „Powertrain calibration based on X-in-theLoop: Virtualization in the vehicle development process“. In: *18. Internationales Stuttgarter Symposium*. Springer Fachmedien Wiesbaden, 2018, S. 1187–1201. ISBN: 9783658211943. DOI: 10.1007/978-3-658-21194-3_91.

[84] M. Wipfler, B. Pressl und T. Haidinger. „Virtueller Prüfling zur effizienten Antriebsentwicklung und Funktionsabsicherung“. In: *MTZextra* 26.S1 (2021), S. 30–35. ISSN: 2509-4580. DOI: 10.1007/s41490-021-0327-4.

[85] R. S. Sutton und A. G. Barto. *Reinforcement learning. An introduction*. Second edition. Adaptive computation and machine learning. Hier auch später erschienene, unveränderte Nachdrucke. Cambridge, Massachusetts: The MIT Press, 2020. 526 S. ISBN: 9780262039246.

[86] A. Plaat. *Deep Reinforcement Learning*. Springer Nature Singapore, 2022. ISBN: 9789811906381. DOI: 10.1007/978-981-19-0638-1.

[87] R. E. Bellman. *Dynamic Programming*. Princeton University Press, Dez. 2010. ISBN: 9781400835386. DOI: 10.1515/9781400835386.

[88] J. Achiam. *Spinning Up in Deep Reinforcement Learning*. 2018. URL: https://spinningup.openai.com/en/latest/ (besucht am 09. 01. 2025).

[89] T. Haarnoja, A. Zhou, P. Abbeel und S. Levine. „Soft Actor-Critic: Off-Policy Maximum Entropy Deep Reinforcement Learning with a Stochastic Actor“. In: (Jan. 2018). DOI: 10.48550/ARXIV.1801.01290. arXiv: 1801.01290 [cs.LG].

[90] J. Schulman, F. Wolski, P. Dhariwal, A. Radford und O. Klimov. „Proximal Policy Optimization Algorithms“. In: (Juli 2017). DOI: 10.48550/ARXIV.1707.06347. arXiv: 1707.06347 [cs.LG].

[91] T. P. Lillicrap, J. J. Hunt, A. Pritzel, N. Heess, T. Erez, Y. Tassa, D. Silver und D. Wierstra. „Continuous control with deep reinforcement learning“. In: (Sep. 2015). DOI: 10.48550/ARXIV.1509.02971. arXiv: 1509.02971 [cs.LG].

[92] L. T. M. Blessing und A. Chakrabarti. *DRM, a Design Research Methodology*. Springer London, 2009. DOI: https://doi.org/10.1007/978-1-84882-587-1.

[93] F. Lindner Akkaya. *Ganzheitliche Erprobungsmethodik für elektrifizierte Fahrzeugantriebe im Produktentstehungsprozess*. Springer Fachmedien Wiesbaden, 2025. ISBN: 9783658468996. DOI: 10.1007/978-3-658-46899-6.

[94] J. Schilling, J.-M. Wilmsen, M. Reichensperger und H.-C. Reuss. „Der digitale Zwilling als Wegbereiter für Machine-Learning-Verfahren am Powertrain-in-the-Loop-Prüfstand“. In: *MTZextra* 28.S1 (Dez. 2023), S. 14–19. ISSN: 2509-4599. DOI: 10.1007/s41490-023-0923-6.

[95] F. Dohr. „Methodik für die simulationsbasierte Entwicklung mechatronischer Systeme“. de. Diss. 2014. DOI: 10.22028/D291-23014.

[96] K. Schubert und M. Klein. *Das Politiklexikon. Begriffe, Fakten, Zusammenhänge*. 5., aktualisierte und erw. Aufl., Lizenzausg. Schriftenreihe 1174. Lizenz d. Dietz Verl., Bonn. Bonn: Bundeszentrale für Politische Bildung, 2011. 349 S. ISBN: 9783838901749.

[97] T. Meyer und U. Grillitsch. „Virtuelle Inbetriebnahme mittels Ablaufsimulation in der Automobilindustrie“. In: *Ablaufsimulation in der Automobilindustrie*. Springer Berlin Heidelberg, 2020, S. 275–287. ISBN: 9783662593882. DOI: 10.1007/978-3-662-59388-2_19.

[98] F. Jaensch, L. Klingel, S. Fur und A. Verl. „Virtuelle Methoden in der Produktionstechnik: Virtuelle Inbetriebnahme als Bindeglied zwischen digitaler und realer Fabrik“. In: *atp magazin* 65.6–7 (Juni 2023), S. 82–88. ISSN: 2190-4111. DOI: 10.17560/atp.v65i6-7.2658.

[99] M. Glöckler. *Simulation mechatronischer Systeme*. Springer Fachmedien Wiesbaden, 2018. ISBN: 9783658207038. DOI: 10.1007/978-3-658-20703-8.

[100] J. Lunze. *Regelungstechnik 2*. Springer Berlin Heidelberg, 2016. ISBN: 9783662526767. DOI: 10.1007/978-3-662-52676-7.

[101] J. Bortz und C. Schuster. *Statistik für Human- und Sozialwissenschaftler*. Springer Berlin Heidelberg, 2010. ISBN: 9783642127700. DOI: 10.1007/978-3-642-12770-0.

[102] W. Faris, H. Rakha und S. A. Elmoselhy. „Analytical Modelling of Diesel Powertrain Fuel System and Consumption Rate“. In: *SAE International Journal of Materials and Manufacturing* 8.1 (Jan. 2015), S. 139–152. ISSN: 1946-3987. DOI: 10.4271/2014-01-9103.

[103] W. Jia, X. Liu, G. Jia, C. Zhang und B. Sun. „Research on the Prediction Model of Engine Output Torque and Real-Time Estimation of the Road Rolling Resistance Coefficient in Tracked Vehicles“. In: *Sensors* 23.17 (Aug. 2023), S. 7549. ISSN: 1424-8220. DOI: 10.3390/s23177549.

[104] C.-R. Park, K.-K. Jung und K.-H. Eom. „Estimation of Fuel Consumption using Vehicle Diagnosis Data“. In: *The Journal of the Korean Institute of Information and Communication Engineering* 15.12 (Dez. 2011), S. 2582–2589. ISSN: 2234-4772. DOI: 10.6109/jkiice.2011.15.12.2582.

[105] J. Ziółkowski, M. Oszczypała, J. Małachowski und J. Szkutnik-Rogoż. „Use of Artificial Neural Networks to Predict Fuel Consumption on the Basis of Technical Parameters of Vehicles“. In: *Energies* 14.9 (Mai 2021), S. 2639. ISSN: 1996-1073. DOI: 10.3390/en14092639.

[106] C. Willmott und K. Matsuura. „Advantages of the mean absolute error (MAE) over the root mean square error (RMSE) in assessing average model performance“. In: *Climate Research* 30 (2005), S. 79–82. ISSN: 1616-1572. DOI: 10.3354/cr030079.

[107] D. G. Altman und J. M. Bland. „Measurement in Medicine: The Analysis of Method Comparison Studies“. In: *The Statistician* 32.3 (Sep. 1983), S. 307. ISSN: 0039-0526. DOI: 10.2307/2987937.

[108] W. S. Cleveland. „Robust Locally Weighted Regression and Smoothing Scatterplots“. In: *Journal of the American Statistical Association* 74.368 (Dez. 1979), S. 829–836. ISSN: 1537-274X. DOI: 10.1080/01621459.1979.10481038.

[109] M. Rauterberg. „Ein Konzept zur Quantifizierung software-ergonomischer Richtlinien“. Diss. Zürich, 1995. 243 S. ISBN: 3906509117.

[110] J.-M. Veith, L. Nigl, M. Behrendt und A. Albers. „Ansteuerung einer geregelten Quersperre über Maschinelles Lernen zur simulativen Abschätzung entstehender Belastungen in hochdynamischen Fahrmanövern“. In: *Kupplungen und Kupplungssysteme in Antrieben 2019*. VDI Verlag, 2019, S. 141–154. ISBN: 9783181023419. DOI: 10.51202/9783181023419-141.

[111] M. Weyrich und F. Stedten. „Produktionssysteme modulbasiert simulieren“. In: *wt Werkstattstechnik online* 103.2 (2013), S. 162–167.

[112] J. Lee, M. Lee und D. Lee. „Modular and Parallelizable Multibody Physics Simulation via Subsystem-Based ADMM“. In: (2023). DOI: 10.48550/ARXIV.2302.14344. arXiv: 2302.14344 [cs.RO].

[113] H. Van der Auweraer und D. Hartmann. „The Executable Digital Twin: merging the digital and the physics worlds“. In: (2022). DOI: 10.48550/ARXIV.2210.17402. arXiv: 2210.17402 [cs.OH].

[114] H. Gehring. „Simulation“. In: *Grundlagen des Operations Research*. Springer Berlin Heidelberg, 1987, S. 290–339. ISBN: 9783642970030. DOI: 10.1007/978-3-642-97003-0_5.

[115] I. Jacobson. *Object-Oriented Software Engineering. A Use Case Driven Approach*. Addison-Wesley Pub (Sd), 2007. ISBN: 9780201403473.

[116] T. Jürgensohn. *Hybride Fahrermodelle*. 1. Aufl. ZMMS-Spektrum 4. Sinzheim: Pro-Universitate-Verl., 1997. 343 S. ISBN: 3932490223.

[117] S. Kupschick. *Modellierung menschähnlichen Fahrerverhaltens*. de. 2021. DOI: 10.14279/DEPOSITONCE-11070.

[118] M. Abe. „Driver Model-Based Handling Quality Evaluation“. In: *Vehicle Handling Dynamics*. Elsevier, 2015, S. 281–301. ISBN: 9780081003909. DOI: 10.1016/b978-0-08-100390-9.00012-9.

[119] M. Plöchl und J. Edelmann. „Driver models in automobile dynamics application“. In: *Vehicle System Dynamics* 45.7–8 (Juli 2007), S. 699–741. ISSN: 1744-5159. DOI: 10.1080/00423110701432482.

[120] J. Schilling, J.-M. Wilmsen, P. Nitschke und H.-C. Reuss. „Comparison of driver models forpowertrain test benches using a digital twin“. In: *10 . International Symposium on Development Methodology*. 2023. DOI: http://dx.doi.org/10.18419/opus-14123.

[121] B. Wang, D. Zhao, C. Li und Y. Dai. „Design and implementation of an adaptive cruise control system based on supervised actor-critic learning“. In: *2015 5th International Conference on Information Science and Technology (ICIST)*. IEEE, Apr. 2015. DOI: 10.1109/icist.2015.7288976.

[122] J. Dohmen, R. Liessner, C. Friebel und B. Bäker. „LongiControl: A Reinforcement Learning Environment for Longitudinal Vehicle Control“. In: *Proceedings of the 13th International Conference on Agents and Artificial Intelligence*. SCITEPRESS - Science und Technology Publications, 2021. DOI: 10.5220/0010305210301037.

[123] M. Buechel und A. Knoll. „Deep Reinforcement Learning for Predictive Longitudinal Control of Automated Vehicles“. In: *2018 21st International Conference on Intelligent Transportation Systems (ITSC)*. IEEE, Nov. 2018. DOI: 10.1109/itsc.2018.8569977.

[124] S. Kuutti, R. Bowden, H. Joshi, R. d. Temple und S. Fallah. „End-to-end Reinforcement Learning for Autonomous Longitudinal Control Using Advantage Actor Critic with Temporal Context“. In: *2019 IEEE Intelligent Transportation Systems Conference (ITSC)*. IEEE, Okt. 2019. DOI: 10.1109/itsc.2019.8917387.

[125] Z. Huang, X. Xu, H. He, J. Tan und Z. Sun. „Parameterized Batch Reinforcement Learning for Longitudinal Control of Autonomous Land Vehicles“. In: *IEEE Transactions on Systems, Man, and Cybernetics: Systems* 49.4 (Apr. 2019), S. 730–741. ISSN: 2168-2232. DOI: 10.1109/tsmc.2017.2712561.

[126] R. Liessner, J. Dohmen und M. Wiering. „Explainable Reinforcement Learning for Longitudinal Control“. In: *Proceedings of the 13th International Conference on Agents and Artificial Intelligence*. SCITEPRESS - Science und Technology Publications, 2021. DOI: 10.5220/0010256208740881.

[127] G. Brockman, V. Cheung, L. Pettersson, J. Schneider, J. Schulman, J. Tang und W. Zaremba. „OpenAI Gym“. In: (Juni 2016). DOI: 10.48550/ARXIV.1606.01540. arXiv: 1606.01540 [cs.LG].

[128] A. Raffin, A. Hill, A. Gleave, A. Kanervisto, M. Ernestus und N. Dormann. „Stable-Baselines3: Reliable Reinforcement Learning Implementations". In: *J. Mach. Learn. Res.* 22 (2021), 268:1–268:8. URL: http://jmlr.org/papers/v22/20-1364.html.

[129] S. Fujimoto, H. van Hoof und D. Meger. „Addressing Function Approximation Error in Actor-Critic Methods". In: (Feb. 2018). DOI: 10.48550/ARXIV.1802.09477. arXiv: 1802.09477 [cs.AI].

[130] M. Hewson, N. Ekstrom, S. Levy und A. York. „Looking Under the Hood: Interpretability for Porsche's RL Driver Simulations". Co-Betreute Studienarbeit. 2025.

[131] S. Lundberg und S.-I. Lee. „A Unified Approach to Interpreting Model Predictions". In: (Mai 2017). DOI: 10.48550/ARXIV.1705.07874. arXiv: 1705.07874 [cs.AI].

[132] M. Peters. *So driften Sie richtig schön quer!* 2016. URL: https://www.auto-motor-und-sport.de/tuning/drift-anleitung-zum-richtigen-quer-fahren/ (besucht am 11. 03. 2025).

[133] P. Cai, X. Mei, L. Tai, Y. Sun und M. Liu. „High-Speed Autonomous Drifting With Deep Reinforcement Learning". In: *IEEE Robotics and Automation Letters* 5.2 (Apr. 2020), S. 1247–1254. ISSN: 2377-3774. DOI: 10.1109/lra.2020.2967299.

[134] F. Domberg, C. C. Wembers, H. Patel und G. Schildbach. „Deep Drifting: Autonomous Drifting of Arbitrary Trajectories using Deep Reinforcement Learning". In: *2022 International Conference on Robotics and Automation (ICRA).* IEEE, Mai 2022, S. 7753–7759. DOI: 10.1109/icra46639.2022.9812249.

[135] J. Y. M. Goh, T. Goel und J. C. Gerdes. „A controller for automated drifting along complex trajectories". In: *14th international symposium on advanced vehicle control (AVEC 2018).* Bd. 7. 2018, S. 1–6. URL: https://www.academia.edu/download/86049448/marty_avec2018_fullpaper.pdf.

[136] J. Y. M. Goh, M. Thompson, J. Dallas und A. Balachandran. „Beyond the stable handling limits: nonlinear model predictive control for highly transient autonomous drifting". In: *Vehicle System Dynamics* 62.10 (Feb. 2024), S. 2590–2613. ISSN: 1744-5159. DOI: 10.1080/00423114.2023.2297799.

[137] Robert Bosch GmbH. „Fahrzeugphysik“. In: *Kraftfahrtechnisches Taschenbuch.* Springer Fachmedien Wiesbaden, 2024, S. 462–536. ISBN: 9783658442330. DOI: 10.1007/978-3-658-44233-0_7.

[138] S. Hestert. „Entwicklung eines Algorithmus zur Abbildung von hochdynamischen Fahrsituationen an einem Antriebsstrangprüfstand“. Co-Betreute Abschlussarbeit. Magisterarb. RWTH Aachen, 2024.

[139] Z. Song, Y. Hua, Y. Zhuang, J. Zhao, Y. Wang und X. Zhang. „Vehicle steady drifting control with safety boundary constraints“. In: *Nonlinear Dynamics* 112.20 (Juli 2024), S. 18235–18254. ISSN: 1573-269X. DOI: 10.1007/s11071-024-09845-9.

[140] C. Voser, R. Y. Hindiyeh und J. C. Gerdes. „Analysis and control of high sideslip manoeuvres“. In: *Vehicle System Dynamics* 48.sup1 (Dez. 2010), S. 317–336. ISSN: 1744-5159. DOI: 10.1080/00423111003746140.

[141] J. Y. Goh, T. Goel und J. Christian Gerdes. „Toward Automated Vehicle Control Beyond the Stability Limits: Drifting Along a General Path“. In: *Journal of Dynamic Systems, Measurement, and Control* 142.2 (Nov. 2019). ISSN: 1528-9028. DOI: 10.1115/1.4045320.

[142] J. Kennedy und R. Eberhart. „Particle swarm optimization“. In: *Proceedings of ICNN'95 - International Conference on Neural Networks.* Bd. 4. ICNN-95. IEEE, 1995, S. 1942–1948. DOI: 10.1109/icnn.1995.488968.

[143] T. Haarnoja, S. Ha, A. Zhou, J. Tan, G. Tucker und S. Levine. „Learning to Walk via Deep Reinforcement Learning“. In: (Dez. 2018). DOI: 10.48550/ARXIV.1812.11103. arXiv: 1812.11103 [cs.LG].

[144] N. Henze. *Stochastik: Eine Einführung mit Grundzügen der Maßtheorie: Inkl. zahlreicher Erklärvideos.* Springer Berlin Heidelberg, 2024. ISBN: 9783662686492. DOI: 10.1007/978-3-662-68649-2.

[145] C. Fang, Z. Cao, M. M. Ektesabi, A. Kapoor und A. Sayem. „Driveline modelling analysis for active driveability control“. In: *2013 IEEE Conference on Systems, Process & Control (ICSPC).* IEEE, Dez. 2013, S. 125–128. DOI: 10.1109/spc.2013.6735117.

[146] H. Dresig und A. Fidlin. *Schwingungen mechanischer Antriebssysteme: Modellbildung, Berechnung, Analyse, Synthese.* Springer Berlin Heidelberg, 2020. ISBN: 9783662591376. DOI: 10.1007/978-3-662-59137-6.

[147] C. Canudas de Wit, H. Olsson, K. Astrom und P. Lischinsky. „A new model for control of systems with friction“. In: *IEEE Transactions on Automatic Control* 40.3 (März 1995), S. 419–425. ISSN: 0018-9286. DOI: 10.1109/9.376053.

[148] R. Isermann und M. Münchhof. *Identification of Dynamic Systems: An Introduction with Applications*. Springer Berlin Heidelberg, 2011. ISBN: 9783540788799. DOI: 10.1007/978-3-540-78879-9.

[149] A. R. Conn, N. Gould und P. L. Toint. „A globally convergent Lagrangian barrier algorithm for optimization with general inequality constraints and simple bounds“. In: *Mathematics of Computation* 66.217 (Jan. 1997), S. 261–289. ISSN: 0025-5718. DOI: 10.1090/s0025-5718-97-00777-1.

[150] The MathWorks Inc. *MATLAB version: 9.13.0 (R2022b)*. 2022. URL: %7Bhttps://www.mathworks.com%7D.

[151] Git Development Community. *Git version: 2.37.2*. https://git-scm.com/. 2024.

Anhang

A. Ausführungen Reinforcement Learning Fahrer

Tabelle A.1: Parameter des DDPG-Algorithmus (Längsdynamik)

Parameter	Wert	Einheit
Batch Size	64	Proben
Learning Rate	0,001	-
Discount Factor (γ)	0,99	-
Target Network Update Rate (τ)	0,001	-
Exploration Noise (σ)	0,2	-
Replay Buffer Size	1.000.000	-
Target Network Update Frequency	10	Schritte
Actor Network	2 Schichten (je 256 Neuronen)	Neuronen
Critic Network	2 Schichten (je 256 Neuronen)	Neuronen

J. Schilling, *Digitaler Zwilling zur Virtualisierung von Arbeitsprozessen am Powertrain-in-the-Loop-Prüfstand*, Wissenschaftliche Reihe Fahrzeugtechnik Universität Stuttgart, https://doi.org/10.1007/978-3-658-51020-6

Tabelle A.2: Parameter des DDPG-Algorithmus (Drift)

Parameter	Wert	Einheit
Batch Size	64	Proben
Learning Rate	0,001	-
Discount Factor (γ)	0,99	-
Target Network Update Rate (τ)	0,001	-
Exploration Noise (σ)	0,2	-
Replay Buffer Size	1.000.000	-
Target Network Update Frequency	10	Schritte
Actor Network	2 Schichten (400, 300 Einheiten)	Neuronen
Critic Network	2 Schichten (400, 300 Einheiten)	Neuronen
Number of Critics (n_{critics})	1	-

Tabelle A.3: Elemente des State Space mit Berechnungsvorschriften

Symbol	Variable	Berechnung	Voraus-schau
v_{akt}	Geschwindigkeit	-	-
v_{ref}	Referenz-geschwindigkeit	-	2m, 16m
v_{proj}	Projizierte Geschwindigkeit	$v_{\text{akt}} + \dot{v}_{\text{akt}}\Delta t$	-
β_{akt}	Schwimmwinkel	-	-
β_{ref}	Referenz-schwimmwinkel	-	2m, 16m
β_{proj}	Projizierter Schwimmwinkel	$\beta_{\text{akt}} + \dot{\beta}_{\text{akt}}\Delta t$	-
$\dot{\psi}_{\text{akt}}$	Gierrate	-	-
$\dot{\psi}_{\text{ref}}$	Referenzgierrate	-	2m, 16m
$\Delta\beta$	Schwimmwinkel-abweichung	$(\beta_{\text{akt}} - \beta_{\text{ref}})\,\text{sgn}(F_{\text{y,h}})$	-
$\dot{v}_{\text{akt}}$	Beschleunigung	-	-
$\dot{\beta}_{\text{akt}}$	Schwimmwinkel-rate	-	-
$\Delta\nu$	Kurswinkel-abweichung	-	2m, 16m
e_{lat}	Querabweichung	$\sqrt{\Delta x^2 + \Delta y^2} \cdot \sin(\nu_{\text{akt}} - \text{atan2}(\Delta x, \Delta y))$	-
e_{long}	Längsabweichung	$\sqrt{\Delta x^2 + \Delta y^2} \cdot \cos(\nu_{\text{akt}} - \text{atan2}(\Delta x, \Delta y))$	-
s_{h}	Schlupf hinten	-	-
$F_{\text{y,v}}$	Querkraft vorne	-	-

Zeitfracht Medien GmbH
Ferdinand-Jühlke-Straße 7
99095 Erfurt, Deutschland
produktsicherheit@kolibri360.de